U0377455

大数据实时流
处理技术实战
——基于 Flink+Kafka 技术

王璐烽　刘均◎主编

雷正桥　钱思佑　付伟　黄智慧◎副主编

人民邮电出版社

北京

图书在版编目（CIP）数据

大数据实时流处理技术实战 ：基于Flink+Kafka技术/
王璐烽，刘均主编. -- 北京 ：人民邮电出版社，2023.9
ISBN 978-7-115-62041-5

Ⅰ．①大… Ⅱ．①王… ②刘… Ⅲ．①数据处理系统
Ⅳ．①TP274

中国国家版本馆CIP数据核字(2023)第115404号

内 容 提 要

本书以项目实践作为主线，结合必需的理论知识，以任务的形式设计内容，每个任务都包含任务描述及任务实施的步骤，读者按照实施步骤进行操作就可以完成相应的学习任务，从而不断提升项目实践能力。本书主要内容涉及流式数据的基础知识、Flink 的简介及发展历史、Flink 的系统架构及 Flink API 介绍、Flink 的集群部署模式、Flink 流式 API 的基本应用、Flink 时间和窗口 API 的应用、Flink 高级应用、Flink Table 和 SQL 的应用、Flink CEP 的应用、Kafka 集群的安装和常用操作，以及 Flink、Flume 和 Kafka 的集成方式。

本书适合需要使用 Flink 进行大数据处理的程序员、架构师和产品经理作为技术参考手册和培训资料，也可作为高校本科生和研究生的教材。

◆ 主　编　王璐烽　刘　均
　　副主编　雷正桥　钱思佑　付　伟　黄智慧
　　责任编辑　秦　健
　　责任印制　王　郁　焦志炜

◆ 人民邮电出版社出版发行　北京市丰台区成寿寺路 11 号
　　邮编　100164　电子邮件　315@ptpress.com.cn
　　网址　https://www.ptpress.com.cn
　　北京九州迅驰传媒文化有限公司印刷

◆ 开本：787×1092　1/16
　　印张：12.25　　　　　　　2023 年 9 月第 1 版
　　字数：223 千字　　　　　2025 年 1 月北京第 7 次印刷

定价：49.80 元

读者服务热线：(010)81055410　印装质量热线：(010)81055316
反盗版热线：(010)81055315
广告经营许可证：京东市监广登字 20170147 号

前　　言

写作背景

党中央、国务院高度重视大数据产业发展，推动实施国家大数据战略。习近平总书记就推动大数据和数字经济相关战略部署、发展大数据产业多次做出重要指示。工业和信息化部会同相关部委建立大数据促进发展部际联席会议制度，不断完善政策体系，聚力打造大数据产品和服务体系，积极推进各领域大数据融合应用，培育发展大数据产业集聚高地。

党的二十大报告指出"深入实施科教兴国战略、人才强国战略、创新驱动发展战略，开辟发展新领域新赛道，不断塑造发展新动能新优势"。随着大数据应用技术的快速发展，企业对流式数据进行实时处理和分析的应用将越来越普遍。所谓流式数据，就是源源不断产生的数据流。这类数据流没有起点，也没有终点。对流式数据的处理和分析，需要首先将无界的数据流转换为有界的数据流，然后进行实时的处理和分析。一个典型的应用场景是网站单击流的实时分析。用户在网站上浏览网页，单击自己感兴趣的网站链接，此时，用户所有的单击行为都是以数据流的形式发送到服务器。对用户行为进行分析，不仅可以为用户及时推荐其感兴趣的网站内容、提供更好的用户体验，而且会为网站带来更多的收益。

Apache Flink 是一个开源的分布式大数据处理引擎和计算框架，能够对无界数据流和有界数据流进行统一处理，也可以对流式数据进行有状态和无状态计算。2014 年，Flink 以孵化项目的形式进入 Apache 软件基金会，并在 2015 年成为 Apache 基金会的顶级项目。Flink 在初创阶段就非常活跃，用户及贡献者群体不断扩大。随着 Flink 的快速发展，它在企业级项目中的应用越来越广泛，被认为是工业界最好的数据流处理引擎之一。

本书采用理论与实践相结合的方式，以项目为主线设计教学实践环节，由浅入深地讲解 Flink 在企业级项目中的应用，尤其是网站日志实时分析系统的应用。读者在项目学习过程中，可以边学边练，循序渐进。相信按照本书讲解的步骤进行操作，读者可以完成相应的学习任务。通过本书的学习，读者可以逐步增强使用 Flink 大数据分析项目的实践能力。

本书读者对象

本书适合需要使用 Flink 进行大数据处理的程序员、架构师和产品经理作为技术参考手册和培训资料，也可作为高校本科生和研究生的教材。

如何阅读本书

本书以项目实践作为主线，结合必需的理论知识，以任务的形式进行教学设计，每个任务都包含任务描述及任务实施的步骤。

各项目的主要内容如下。

项目 1 介绍流式数据的基础知识，涉及 Flink 的简介及发展历史、Flink 的系统架构及 Flink API 概念，同时介绍了如何基于 IDEA 搭建项目开发环境，以便为后续开发项目打下基础。

项目 2 讲解 Flink 的集群部署模式、如何搭建 Flink 集群，以单词实时统计项目为例来介绍从 Flink 程序开发到部署以及集群运行的整个流程。

项目 3 讲解 Flink 流式 API 的基本应用，主要包括 Flink 程序执行环境、数据源、数据转换操作及与结果输出相关的流式 API 的应用。

项目 4 讲解 Flink 时间和窗口 API 的应用，可以帮助读者深入理解 Flink 时间语义、窗口、水位线、侧输出流等概念及应用场景。

项目 5 介绍 Flink 高级应用，主要包括数据的分流及合并流操作、Flink 状态管理及故障恢复机制的设置等。

项目 6 阐述 Flink Table 和 SQL 的应用。Flink Table 和 SQL 属于 Flink 更高层的 API，用于将数据流转换为表，可以帮助开发人员通过比较熟悉的 SQL 语句对表进行操作，降低 Flink API 的学习成本，从而极大地提高 Flink 项目的开发效率。

项目 7 讲解 Flink CEP 的应用。Flink CEP 是 Flink 处理复杂事件的库，该库通过定义复杂事件的模式，从数据流中提取异常事件，如用户登录连续失败的应用等。

项目 8 介绍 Kafka 集群的安装和常用操作，以及 Flink 和 Kafka 的集成方式。Flink 可以作为 Kafka 的数据源，Kafka 中的消息也可以实时地写入 Flink 中，Flink 和 Kafka 的集成可以建立流式数据实时处理的通道。

项目 9 阐述基于 Flink 的网站日志实时分析系统。该项目综合运用本书的知识点，讲解网站日志的生成、收集及分析的流程。

勘误和支持

　　由于作者的水平有限，加上编写时间仓促，书中难免会存在疏漏之处，恳请读者批评指正。如果你有更多的宝贵意见，欢迎通过出版社与我们取得联系，期待能够得到你们的真挚反馈。

编著者

资源与支持

资源获取

本书提供如下资源：

- 教学大纲；
- 程序源码；
- 教学课件；
- 微视频；
- 习题答案；
- 本书思维导图；
- 异步社区 7 天 VIP 会员。

要获得以上资源，您可以扫描下方二维码，根据指引领取。

提交勘误

作者和编辑尽最大努力来确保书中内容的准确性，但难免会存在疏漏。欢迎您将发现的问题反馈给我们，帮助我们提升图书的质量。

当您发现错误时，请登录异步社区（https://www.epubit.com），按书名搜索，进入本书页面，点击"发表勘误"，输入勘误信息，点击"提交勘误"按钮即可（见右图）。本书的作者和编辑会对您提交的勘误进行审核，确认并接受后，您将获赠异步社区的 100 积分。积分可用于在异步社区兑换优惠券、样书或奖品。

与我们联系

我们的联系邮箱是 contact@epubit.com.cn。

如果您对本书有任何疑问或建议，请您发邮件给我们，并请在邮件标题中注明本书书名，以便我们更高效地做出反馈。

如果您有兴趣出版图书、录制教学视频，或者参与图书翻译、技术审校等工作，可以发邮件给我们。

如果您所在的学校、培训机构或企业，想批量购买本书或异步社区出版的其他图书，也可以发邮件给我们。

如果您在网上发现有针对异步社区出品图书的各种形式的盗版行为，包括对图书全部或部分内容的非授权传播，请您将怀疑有侵权行为的链接发邮件给我们。您的这一举动是对作者权益的保护，也是我们持续为您提供有价值的内容的动力之源。

关于异步社区和异步图书

"异步社区"（www.epubit.com）是由人民邮电出版社创办的 IT 专业图书社区，于 2015 年 8 月上线运营，致力于优质内容的出版和分享，为读者提供高品质的学习内容，为作译者提供专业的出版服务，实现作者与读者在线交流互动，以及传统出版与数字出版的融合发展。

"异步图书"是异步社区策划出版的精品 IT 图书的品牌，依托于人民邮电出版社在计算机图书领域 30 余年的发展与积淀。异步图书面向 IT 行业以及各行业使用 IT 技术的用户。

目　　录

项目 1

Flink 开发环境搭建

 **项目导读**

Flink 是 Apache 软件基金会下的一个开源的分布式大数据处理引擎，目前在各大互联网公司得到广泛应用，被认为是最好的数据流处理引擎之一。本项目主要介绍 Flink 的基础知识及开发环境 IDEA 集成搭建，使读者对 Flink 有个初步的了解。本项目从流式数据讲起，介绍 Flink 的发展历史、基本架构及流处理 API 的应用场景，以便为后面的学习打下基础。

思政目标

● 培养学生勇于实践创新、科学严谨的精神。

● 培养学生勤于思考，追求卓越的科学精神。

 **教学目标**

● 了解流数据的基本原理。

● 了解 Flink 的发展历史、基本架构及相关的 API。

● 基于 IDEA 搭建 Flink 开发环境。

任务　搭建 Flink 开发环境

【任务描述】

本任务主要讲解 Flink 流式数据实时计算的原理以及基于 IDEA 的集成开发环境的搭建。通过本任务的学习和实践，读者可以了解 Flink API 的基本使用方法，掌握在 IDEA 环境中创建项目的方法以及安装 Scala 插件的方法。

【知识链接】

1. 流式数据

在现实生活中，任何类型的数据都可以形成事件流，例如，信用卡交易、传感器测量、服务器日志、网站或移动应用程序上的用户交互记录，所有这些数据都会源源不断地产生，形成数据流。数据可以被作为无界流或者有界流来处理。

- 无界流：定义流的开始，但没有定义流的结束。它们会无休止地产生数据。无界流的数据必须持续处理，即数据被获取后需要立刻处理。不能等到所有数据都到达再处理，因为输入是无限的，在任何时候输入都不会完成。在处理无界流数据时通常要求以特定顺序获取事件，例如事件发生的顺序，以便能够推断结果的完整性。

- 有界流：既定义流的开始，又定义流的结束。针对有界流，可以在获取所有数据后再进行计算。有界流的所有数据可以被排序，所以并不需要有序获取。有界流处理通常被称为批量处理。

在对无界流的数据流进行处理和分析时，需要将无界数据流转换为有界数据流。处理的方式是使用"窗口"来划分数据，比如，根据事件时间划分为不同的窗口，就可以将无界数据流转换为有界数据流，对同一窗口内的数据进行分析和处理，如图 1-1 所示。

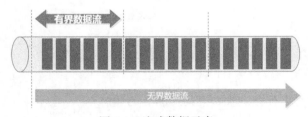

图 1-1　流式数据示意

2. Flink 介绍

Flink 起源于由柏林工业大学的教授主导的 Stratosphere 项目，这个项目由 3 所地处柏林的大学和欧洲其他一些大学共同进行研发。2014 年，Stratosphere 项目代码被捐赠给 Apache 软件基金会，Flink 是在这个项目的基础上设计开发的。Flink 在德语中表示快速、灵巧，它的 LOGO 是一只可爱的小松鼠，如图 1-2 所示。德国柏林有很多这样的小松鼠，它们的特点恰好是快速和灵巧，这也和 Flink 产品设计的初衷是一致的。

图 1-2 Flink 的 LOGO

在工业界，Flink 被认为是最好的数据流处理引擎之一，它是一个开源的分布式大数据处理引擎和计算框架，能够对无界数据流和有界数据流进行统一处理，能进行有状态和无状态的计算。

3．Flink 的发展历史

Flink 的发展是非常快速的。它有一个非常活跃的社区，而且一直在快速成长。下面简单了解一下 Flink 的发展历史。

- 2010 年到 2014 年，柏林工业大学、柏林洪堡大学和哈索·普拉特纳研究院共同发起名为 Stratosphere 的研究项目。

- 2014 年 4 月，Stratosphere 项目代码被捐赠给 Apache 软件基金会，并成为后者的孵化项目。此后该项目团队的大部分成员一起创建了另一家公司——Data Artisans，该公司的主要目标是实现 Stratosphere 项目的商业化。

- 2014 年 8 月，Apache 软件基金会将 Stratosphere 0.6 版本更名为 Flink，并发布了第一个正式版本 Flink 0.6。该版本具有更好的流式引擎支持。

- 2014 年 12 月，Flink 项目完成孵化，成为 Apache 软件基金会的顶级项目。

- 2019 年 1 月，长期对 Flink 投入研发的阿里巴巴公司收购了 Data Artisans 公司，之后又开源了自己的内部版本 Blink，在人工智能方面部署了机器学习基础设施。

4．Flink 的优势

相对于其他流式处理系统，Flink 在流式数据处理方面具有非常明显的优势，因此，在工业界得到广泛应用。Flink 的优势主要表现在以下几方面。

- 同时支持高吞吐、低延迟、高性能：Flink 是开源社区中支持高吞吐、低延迟、高性能的分布式流式数据处理框架。满足高吞吐、低延迟、高性能这 3 个目标对分布式流式计算框架来说是非常重要的。

- 支持事件时间：在流式计算领域中，目前大多数框架窗口计算采用的都是系统时间，也是事件传输到计算框架处理时系统主机的当前时间。Flink 能够支持基于事件时间语义进行窗口计算，也就是使用事件产生的时间，基于事件驱动的机制使得事件即使乱序到达，流系统也能够计算出精确的结果，保持了事件原本产生时的时序性，尽可能避免受到网络传输或硬件系统的影响。

- 支持有状态计算：所谓状态就是在流式计算过程中将算子的中间结果数据保存在内存或者文件系统中，等下一个事件进入算子后，可以从之前的状态中获取中间结果以计算当前的结果，从而无须每次都基于全部的原始数据来统计结果。这种方式极大地提升了系统的性能，并降低了数据计算过程的资源消耗。

- 支持窗口操作：在流处理应用中，数据是连续不断的，需要通过窗口的方式对流数据进行一定范围的聚合计算，窗口可以用灵活的触发条件定制化来达到对复杂的流传输模式的支持，用户可以定义不同的窗口触发机制来满足不同的需求。

- 容错机制：Flink 能够将一个大型计算任务的流程拆解成小的计算过程，然后将任务分布到并行节点上进行处理。在任务执行过程中，能够自动发现因事件处理过程中的错误而导致数据不一致的问题。通过基于分布式快照技术的检查点，可以将执行过程中的状态信息进行持久化存储，一旦任务出现异常停止，Flink 就能够从检查点中自动恢复任务。

5．Flink 系统架构

Flink 是一个分布式系统，需要有效分配和管理计算资源才能执行流应用程序。它集成了所有常见的集群资源管理器，例如 YARN。Flink 也可以作为独立集群运行。Flink 运行时由两种类型的进程组成：一个作业管理器（JobManager）和多个任务管理器（TaskManager）。从 Master/Slave 架构的角度来分析，作业管理器就是 Flink 集群中的 Master 节点，任务管理器就是 Flink 集群中的 Slave 节点，作业管理器在集群中只有一个，而 Master 节点可以有多个。如图 1-3 所示，Flink 系统架构主要由作业管理器、任务管理器和客户端（Client）组成。

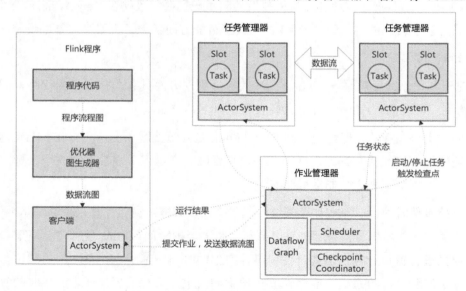

图 1-3　Flink 系统架构

- 客户端：客户端不是运行时和程序执行的一部分，而是用于准备数据流并将其发送给作业管理器。之后，客户端可以通过断开连接或保持连接来接收进程报告。客户端可以作为触发执行程序的一部分运行，也可以在命令行进程中运行。

- 作业管理器：具有许多与协调 Flink 应用程序的分布式执行有关的职责，它决定何时调度下一个任务、对完成或执行失败的任务做出反应并协调从失败中恢复等。

- 资源管理器（ResourceManager）：资源管理器负责 Flink 集群中的资源提供、回收、分配，它管理任务插槽（Slot），这是 Flink 集群中资源调度的单位。Flink 为不同的环境和资源提供者实现了对应的资源管理器。

- 分发器（Dispatcher）：分发器提供了一个 REST 接口，用来提交 Flink 应用程序执行，并为每个提交的作业启动一个新的进程，它还运行 Web UI 来提供作业执行信息。

- 任务管理器：执行作业流的任务，并且缓存和交换数据流。系统必须始终至少有一个任务管理器。在任务管理器中资源调度的最小单位是任务插槽。任务管理器中任务插槽的数量表示并发处理任务的数量。在一个任务插槽中可以执行多个算子。

6. Flink API 介绍

为方便开发者开发流式应用程序，Flink 提供了非常丰富的 API，如图 1-4 所示。最底层的 API 可以对流式数据的状态、事件时间进行直接的处理。最高层的 API 使用 SQL 的方式对数据流进行处理。底层的 API 可以对事件流进行更直接、更细粒度的控制，使用起来比较灵活。高层的 API 具有更高级的抽象，提供更方便、快捷的开发方法。开发者可以选择使用不同层级的 API，也可以在应用程序中混合使用。

图 1-4　Flink API 架构

1）Stateful Stream Processing

Flink 提供的最底层的接口，可以处理输入数据流中的单个事件或者归入一个特定窗口内的多个事件。它提供了对于时间和状态的细粒度控制。

2）DataStream/DataSet API

DataStream API 应用于有界数据流和无界数据流场景。DataSet API 主要应用于有界数据流场景，能够实现对数据流操作，包括窗口操作、连接操作、聚合操作和转换操作等。API 提供了大量算子，如 map、reduce 等。开发者还可以通过扩展 API 预定义接口来实现自定义函数。

下面的代码示例展示了如何基于 DataStream API 计算每个传感器的最高温度。传感器数据使用三元组表示，如（"sensor_1", 1547718199, 1.0），表示 ID 为 sensor_1 的传感器在时间戳为 1547718199 的时间检测到的温度是 1.0，Flink 处理的是由不同的传感器源源不断产生的数据流，通过 map 算子将三元组转换为二元组（"sensor_1", 1.0），然后使用 keyBy 算子按照传感器的 ID 分组，相同 ID 的传感器分为一组，统计每个传感器的最大值。

```
//三元组转换为（传感器 ID，温度）形式
val dataStream = inputDataStream
  .map(data => {
        (data._1, data._3)
  })
//根据传感器 ID 分组
val dataStream2 = dataStream.keyBy(_._1)
  //按照温度汇总
  .max(1)
```

3）Table API

以 Table 为中心的 API。例如在流式数据场景下，它可以表示一张正在动态改变的表。Table API 遵循关系模型，即表拥有 Schema，类似于关系数据库中的 Schema，并且 Table API 也提供了类似于关系模型中的操作，如 select、join、group by 等。

下面的代码示例实现了将由单击流对象 PageView 构成的数据流转换为 Table，使用 select、where 方法实现数据流过滤的功能，查询访问记录只包含主页 index.html 的数据流。

```
/**
 * 页面访问记录
 *
 * @param id ID
 * @param timestamp 访问时间戳（秒）
 * @param userId 用户ID
 * @param visitUrl 访问的链接
 * @param visitTime 访问停留时间（秒）
 */
case class PageView(id: Int, timestamp: Long, userId: Int, visitUrl:String, visitTime:Int)

  //创建表环境
  val tableEnv = StreamTableEnvironment.create(env)
  //将 DataStream 转换为表
  val pvTable = tableEnv.fromDataStream(dataStream)
  //只查询访问过 index.html 的记录
  val resultTable1 = pvTable.select($("userId"), $("visitUrl"), $("visitTime"))
```

```
    .where($("visitUrl").isEqual("/index.html"))
//转换为流进行输出
tableEnv.toDataStream(resultTable1)
    .print("resultTable1")
```

4）SQL

大部分开发人员比较熟悉的使用方式。使用 SQL 语句对 Table 进行查询的编程方式，可以大大降低学习和开发成本。一般的处理流程是，将 Table 对象注册成表名称，Table 本身包含 Schema，这样就可以通过 SQL 语句进行查询。

下面的代码示例首先将 Table 注册成一个表名 page_view，然后使用 SQL 对该表进行查询。

```
//创建临时表
tableEnv.createTemporaryView("page_view", pvTable)
//只查询访问过 index.html 的记录
val resultTable2 = tableEnv.sqlQuery("select userId,visitUrl,visitTime " +
"from page_view " + "where visitUrl = '/index.html' ")
//转换为流进行输出
tableEnv.toDataStream(resultTable2)
    .print("resultTable2")
```

7．Flink CEP 介绍

复杂事件处理（Complex Event Processing，CEP）是事件流处理中的一个常见场景。Flink 的 CEP 库提供了相应的 API，使用户能够通过定义模式的方式检测关注的事件，在监控到指定事件后进行后续的处理。CEP 库的应用包括网络入侵检测、业务流程监控和欺诈检测等。

下面的代码示例使用 Flink CEP 库实现对用户登录的日志进行监控，用于检测连续登录失败 3 次的用户日志。连续登录失败的行为有可能是试图通过猜测密码的攻击行为，将连续登录失败的事件进行报警处理是系统异常检测常用的方法。

```
/**
 * 登录事件
 *
 * @param userId    用户ID
 * @param ipAddr    IP地址
 * @param eventType 事件类型，success 表示登录成功，fail 表示登录失败
 * @param timestamp 登录时间戳
 */
case class LoginEvent(userId: String, ipAddr: String, eventType: String, timestamp: Long)
```

```
//定义 pattern，检测连续 3 次登录失败事件
val pattern = Pattern.begin[LoginEvent]("firstLoginFail").where(_.eventType == "fail")
//第 1 次登录失败事件
    .next("secondLoginFail").where(_.eventType == "fail")  //第 2 次登录失败事件
```

```
        .next("thirdLoginFail").where(_.eventType == "fail")  //第 3 次登录失败事件
    //将 pattern 应用到事件流上，检测匹配的复杂事件
    val patternStream: PatternStream[LoginEvent] = CEP.pattern(loginEventStream.keyBy
(_.userId), pattern)
        //将检测到的匹配事件报警输出
    val resultStream: DataStream[String] = patternStream.select(new PatternSelect
Function[LoginEvent, String] {
        override def select(map: util.Map[String, util.List[LoginEvent]]): String = {
            //返回报警信息
        }
    })
```

【任务实施】

1．创建项目

在集成开发环境 IDEA 启动以后，首先创建一个项目，选择 File→New→Project 菜单创建一个新的项目，如图 1-5 所示。

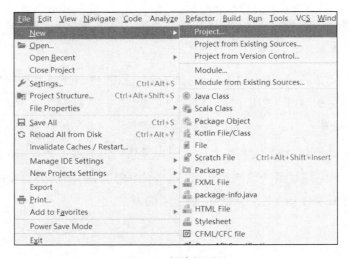

图 1-5　创建新项目

由于要创建的是基于 Maven 的项目，因此在 New Project 对话框中选择 Maven，然后单击 Next 按钮进行下一步的配置，如图 1-6 所示。

继续配置项目的名称（Name）、存储位置（Location）和 Maven 相关的配置，如图 1-7 所示。

● Name：项目的名称，这里输入 flink_project，也可以根据实际情况输入其他名称。

● Location：项目存储的路径。

● Maven 相关的配置包括 GroupId、ArtifactId 和 Version。

　■ GroupId：组织的域名，如果没有特殊的需求，保留默认内容即可。

- ArtifactId：项目的名称，输入 flink_project。

- Version：项目的版本号，如果没有特殊的需求，保留默认内容即可。

图 1-6　创建 Maven 项目

图 1-7　配置新项目

确认无误后单击 Finish 按钮完成配置。

2．安装 Scala 插件

在集成开发环境 IDEA 中，选择 File→Settings 菜单，如图 1-8 所示，打开设置对话框。

图 1-8　打开设置菜单

进入图 1-9 所示的 Settings 对话框，在左侧导航栏中单击 Plugins，然后在右侧的搜索框中输入 Scala 进行搜索并查找插件，按照相应的提示安装插件即可。

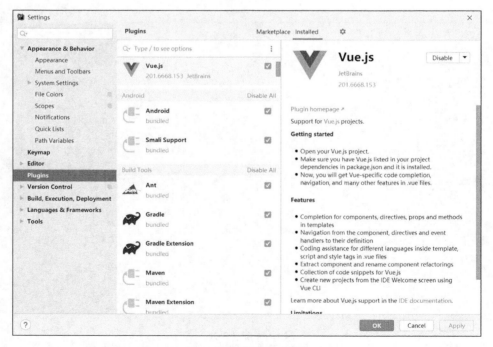

图 1-9　安装 Scala 插件

Scala 插件安装以后会显示在插件列表中，如图 1-10 所示。

图 1-10　插件列表

3. 在全局类库中设置 Scala 库

在集成开发环境 IDEA 中选择 File→Project Structure 菜单，如图 1-11 所示，打开项目结构对话框。

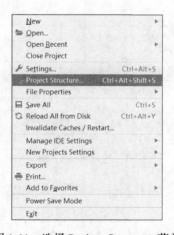

图 1-11　选择 Project Structure 菜单

在 Project Structure 对话框中选择 Global Libraries，设置全局类库，如图 1-12 所示。

本项目使用的 Scala 版本号是 2.12.11。双击 Scala SDK，在弹出的 Select JAR's for the new Scala SDK 对话框中选择相应的版本，然后单击 OK 按钮，如图 1-13 所示。

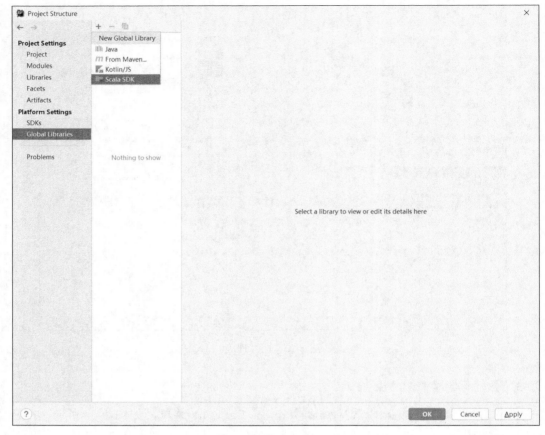

图 1-12　设置全局类库

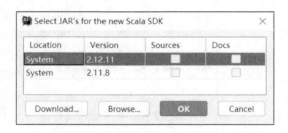

图 1-13　选择 Scala SDK 版本

确认 Scala 2.12.11 版添加到 flink_project 项目中，如图 1-14 所示。

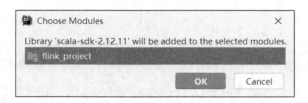

图 1-14　确认 Scala 2.12.11 版添加到 flink_project 项目中

　　Scala 类库添加完成以后，在项目框架的 Global Libraries 菜单中，可以看到新加入的 Scala 类库，如图 1-15 所示。

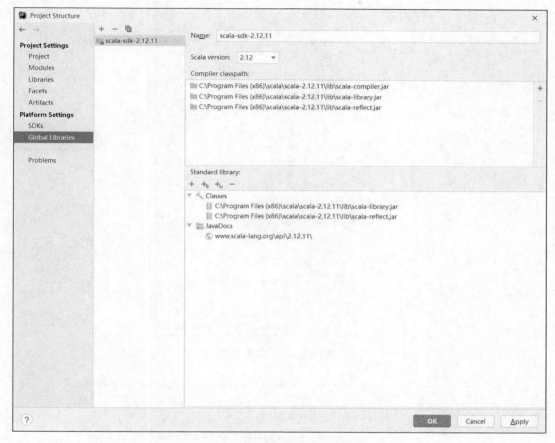

图 1-15　查看新加入的 Scala 类库

4．测试 Scala 环境

　　Scala 插件安装和全局类库设置完成以后，还需要在项目中添加 Scala 框架的支持。在左侧项目浏览器的项目 flink_project 上右击，在弹出的快捷菜单中选择 Add Framework Support，添加框架支持，如图 1-16 所示。

　　在打开的 Add Frameworks Support 对话框中选择 Scala，确认 Scala 的版本号正确无误后，单击 OK 按钮完成设置，如图 1-17 所示。

5．创建 scala 文件夹

　　Maven 项目默认创建的 main 文件夹下面只有 java 文件夹，这个文件夹一般存储 Java 源文件。为了使用 Scala 语言编写程序，可以在 main 文件夹下创建一个 scala 文件夹。右击 main 文件夹，在弹出的快捷菜单中选择 New→Directory 菜单，如图 1-18 所示，并将新建的文件夹命名为 scala。

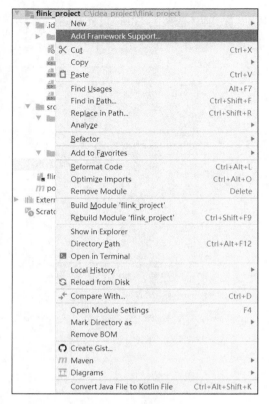

图 1-16　添加框架支持

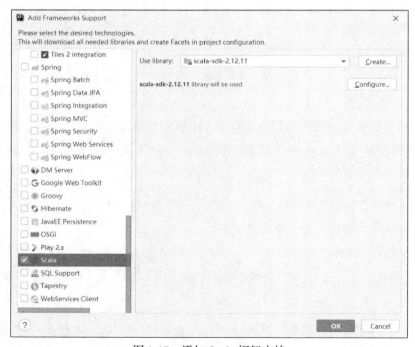

图 1-17　添加 Scala 框架支持

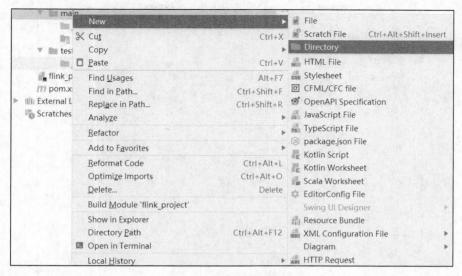

图 1-18　创建新的文件夹

scala 文件夹创建成功后，会显示在项目的框架结构中，如图 1-19 所示。

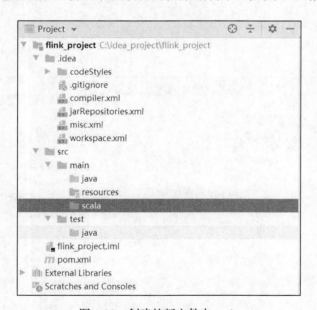

图 1-19　创建的新文件夹 scala

为了标记 scala 文件夹下面存储的是 Scala 源文件，需要进一步设置。右击 scala 文件夹，在弹出的快捷菜单中选择 Make Directory as→Sources Root 菜单，如图 1-20 所示，标记该文件夹为源代码的根目录。

右击 scala 文件夹，在弹出的快捷菜单中选择 New→Scala Class 菜单，如图 1-21 所示，创建一个 Scala 类，用于对环境进行测试。

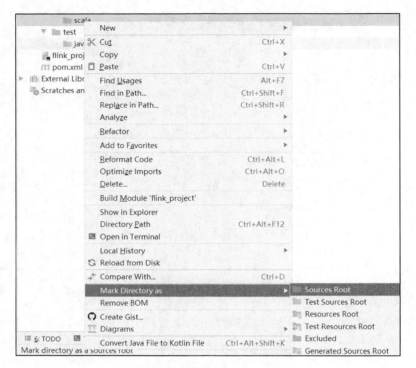

图 1-20　设置 Sources Root

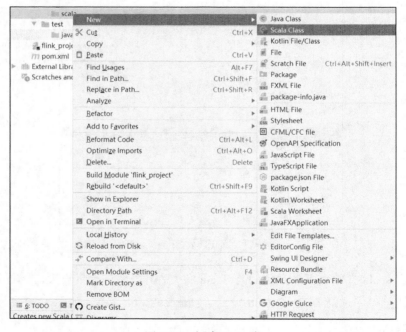

图 1-21　新建 Scala 类

将新建的 Scala 类命名为 HelloScala，类型为 Object，如图 1-22 所示。

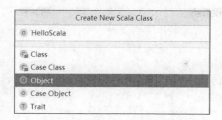

图 1-22 创建 HelloScala 类

编写 main 函数，在控制台输出"hello scala"，对环境进行测试。

```scala
object HelloScala {
  def main(args: Array[String]): Unit = {
    print("hello scala")
  }
}
```

右击 HelloScala 类，在弹出的快捷菜单中选择 Run 'HelloScala'以运行程序，如图 1-23 所示。

图 1-23 运行 HelloScala 程序

在控制台可以看到输出结果"hello scala"，说明 Scala 环境已经安装完成，如图 1-24 所示。

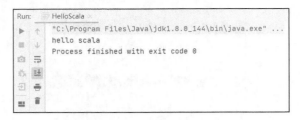

图 1-24　HelloScala 程序输出结果

项目小结

本项目从 Flink 相关的基础知识入手，主要讲解了以下内容。

- 流式数据的基础知识。
- Flink 的简介及发展历史。
- Flink 在流式数据处理中的优势。
- Flink 的系统架构。
- Flink API 介绍。
- Flink CEP 介绍。

为了后续项目开发准备环境，本项目讲解了如何在开发环境 IDEA 集成中基于 Scala 搭建 Flink 开发环境。主要的操作步骤如下。

（1）创建项目。

（2）安装 Scala 插件。

（3）在全局类库中设置 Scala 类库。

（4）编写简单的 Scala 程序，测试 Scala 环境是否正常。

思考与练习

理论题

简答题

1．简述如何处理无界数据流。

2．举例说明无界数据流的应用场景。

3．举例说明什么是 Master/Slave 架构。

4. 简述 Flink 在流处理应用中的主要优势。

5. 简述 Flink API 的层次结构。

6. 简述 Flink CEP 的应用场景。

实训题

基于集成开发环境 IDEA 搭建 Flink 程序开发环境。

项目 2

Flink 集群搭建

 项目导读

在学习流式计算及 Flink 的基础知识以后，为帮助读者快速入门，本项目将介绍 Flink 的集群部署方法，完成搭建 Flink 集群的任务，实现基本的单词统计程序。单词统计案例使用两种方式实现：一是批量处理方式，对文本文件中所有的单词进行一次性的统计和处理；二是流式处理方式，对网络中的数据流进行实时统计，Flink 客户端程序每收到一个单词就对单词进行统计，这种处理方式更符合流式数据的实时分析应用场景。

思政目标

- 培养学生团队协作精神。
- 培养学生诚实守信的品质和遵纪守法的意识。

教学目标

- 掌握 Flink 集群的安装和部署方式。
- 掌握基于 Scala 语言开发 Flink 程序的流程。
- 理解基于 Flink 的单词统计案例的实现原理。

任务 1　Flink 集群搭建

【任务描述】

本任务主要介绍搭建 Flink 集群环境的方法。通过本任务的学习和实践，读者可以了解 Flink 集群的主要部署模式，了解 Flink 集群的规划，掌握 Flink 独立集群模式的安装及配置方法。

【知识链接】

集群部署模式

Flink 是一个分布式的并行流处理系统，由多个进程组成，这些进程一般分布运行在不同的服务器节点上。相对于单节点的系统，分布式系统核心的问题主要有集群中资源的分配和管理进程如何协调与调度、如何持久化和高可用地进行数据存储、在服务器节点失效以后如何进行故障恢复等。这些分布式系统的问题已经有比较成熟的解决方案。Flink 尽可能使用分布式系统中成熟的解决方案，工作核心是分布式数据流处理。

Flink 主要由客户端（Client）、作业管理器（JobManager）和任务管理器（TaskManager）等核心组件组成，如图 2-1 所示。Flink 程序由客户端获取并进行转换，然后提交给作业管理器。作业管理器是 Flink 集群里的领导，对任务进行调度和管理。作业管理器获取要执行的作业后，会进一步处理转换，然后分发任务给众多的任务管理器。任务管理器是实际的工作者，负责实现数据的计算操作。

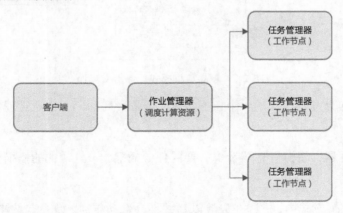

图 2-1　Flink 核心组件

Flink 支持两种集群部署模式，分别是独立集群模式和 YARN 模式。

1）独立集群模式

独立集群（Standalone）模式至少包含一个 Master 进程和至少一个任务管理器进程，任务管理器进程运行在一台或者多台服务器节点上，所有的进程都是 JVM（Java Virtual Machine，Java 虚拟机）进程。Master 进程在不同的线程中运行了一个分发器（Dispatcher）和一个资源管理器（ResourceManager），一旦它们开始运行，所有任务管理器都将在资源管理器中进行注册，如图 2-2 所示。

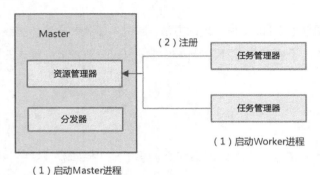

图 2-2　独立集群模式

独立集群模式作业提交的主要流程如图 2-3 所示。

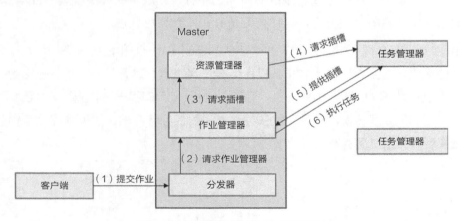

图 2-3　独立集群模式任务提交流程

（1）客户端向分发器提交了一个任务，分发器将会启动一个作业管理器线程，并提供执行所需的作业图。

（2）作业管理器向资源管理器请求必要的任务插槽。一旦请求的插槽分配好，作业管理器就会部署作业。

（3）在这种部署方式中，进程在失败以后并不会自动重启。如果有足够的插槽可供使用，作业是可以从一次 Worker 失败中恢复的，只要运行多个 Worker 就可以了。

2）YARN 模式

YARN 是 Hadoop 的资源管理组件，用来计算集群环境所需的 CPU 和内存资源，然后提供应用程序请求的资源。Flink 的作业提交到 YARN 集群的流程如图 2-4 所示。

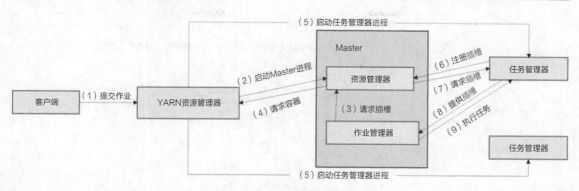

图 2-4   YARN 模式作业提交流程

当客户端提交任务时，客户端将建立和 YARN 资源管理器的连接，然后启动一个新的 YARN 应用的 Master 进程，该进程包含一个作业管理器和一个资源管理器。作业管理器向资源管理器请求所需要的插槽，用来运行 Flink 的作业。接下来，Flink 的资源管理器将向 YARN 的资源管理器请求容器，然后启动任务管理器进程。一旦启动，任务管理器会将插槽注册在 Flink 的资源管理器中，Flink 的资源管理器将把插槽提供给作业管理器，最终，作业管理器把作业的任务提交给任务管理器执行。

【任务实施】

1. 集群规划

搭建 Flink 集群环境，需要使用多台服务器节点。服务器环境的主要配置如下。

- 操作系统环境使用 CentOS 7。
- Java 运行环境使用 JDK 8。
- Hadoop 集群，建议使用 Hadoop 2.7 及以上版本。
- 建议在 3 台及以上服务器节点安装集群。

本书使用 3 台服务器节点作为 Flink 的部署环境，集群规划如表 2-1 所示。

表 2-1　Flink 集群规划

主机名	IP 地址	说明
hadoop1	192.168.68.128	Master，Worker
hadoop2	192.168.68.129	Worker
hadoop3	192.168.68.130	Worker

2. Flink 集群安装

（1）进入 Flink 官方网站，下载 Flink 安装版本，如图 2-5 所示。

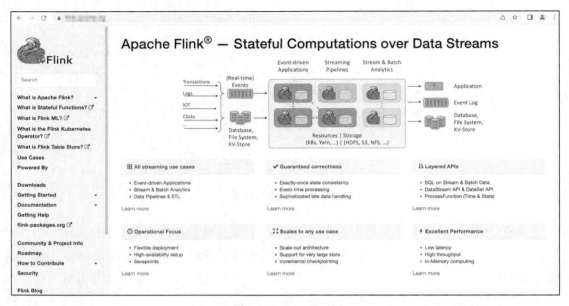

图 2-5　Flink 官方网站

（2）选择正确的 Scala 版本。Flink 支持 Scala 语言开发的两个版本 2.11 和 2.12。本书采用的 Scala 版本号为 2.12，需要下载支持 Scala 2.12 的软件包，文件包名为 flink-1.13.1-bin-scala_2.12.tgz，如图 2-6 所示。

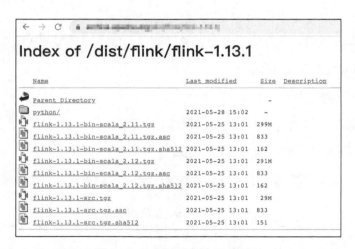

图 2-6　Flink 指定版本下载页面

（3）上传安装包。将 Flink 安装包上传到服务器 Master 节点的任意目录中。这里上传到 /opt/soft 目录中。

（4）解压缩。进入/opt/soft 目录，执行 tar 命令解压缩，然后进行安装，安装目录为/opt/module。

```
[hadoop@hadoop1 soft]$ tar -zxvf flink-1.10.1-bin-scala_2.12.tgz -C /opt/module
```

（5）修改文件夹名称。进入/opt/module，可以查看到 Flink 的安装目录，文件夹名称为 flink-1.10.1，为方便使用，使用 mv 命令将文件夹名称修改为 flink。

```
[hadoop@hadoop1 module]$ mv flink-1.10.1/ flink
```

（6）修改环境变量。编辑/etc/profile 文件，将 Flink 安装路径下面的 bin 文件夹加入环境变量中，这样在任意文件夹下都可以执行 bin 文件夹中的文件。

```
[hadoop@hadoop1 module]$ sudo vi /etc/profile

#flink
export FLINK_HOME=/opt/module/flink
export PATH=$PATH:$FLINK_HOME/bin
```

（7）环境变量修改完成以后，执行 source 命令使修改立即生效。

```
[hadoop@hadoop1 module]$ source /etc/profile
```

（8）配置 Flink。Flink 的安装目录包含一个 conf 文件夹。Flink 的主要配置文件是 flink-conf.yaml 文件。切换到/opt/module/flink/conf 文件夹后，编辑这个文件，修改相关配置，常用的配置项说明如表 2-2 所示，Flink 配置内容如图 2-7 所示。

```
[hadoop@hadoop1 conf]$ vi flink-conf.yaml
```

表 2-2　Flink 常用的配置项说明

配置项	配置内容	说明
jobmanager.rpc.address	hadoop1	JobManager 节点
jobmanager.rpc.port	6123	端口号
jobmanager.heap.size	1024m	JVM 堆大小

图 2-7　Flink 配置内容

（9）配置 Flink 的 Slave 节点。在 conf 文件夹中编辑 slaves 文件，配置 Slave 节点。

```
[hadoop@hadoop1 conf]$ vi slaves

hadoop1
```

```
hadoop2
hadoop3
```

（10）在 hadoop2 和 hadoop3 节点分别执行以上操作。

（11）执行 start-cluster.sh 命令，启动集群。

```
[hadoop@hadoop1 bin]$ start-cluster.sh
```

（12）验证集群启动情况。

在 Web 浏览器中输入网址 http://hadoop1:8081，如果页面可以正常打开，则说明集群启动成功，如图 2-8 所示。

图 2-8　集群启动成功页面

任务 2　基于 Flink 实现单词统计

【任务描述】

本任务主要介绍基于 Flink 实现对文本文件和网络数据流中的单词进行统计。通过本任务的学习和实践，读者可以掌握 Flink 程序开发的基本方法，掌握基于 Flink API 对文本文件和网络数据流中的单词进行统计的方法。

【任务实施】

1．Maven 配置

针对 Maven 依赖的配置，主要配置与 Flink 相关的依赖包。

```xml
<properties>
<maven.compiler.source>1.8</maven.compiler.source>
<maven.compiler.target>1.8</maven.compiler.target>
<maven.compiler.compilerVersion>1.8</maven.compiler.compilerVersion>
<flink.version>1.10.1</flink.version>
<scala.version>2.12</scala.version>
</properties>
<dependencies>
    <!-- flink 的 Scala 的 API -->
    <dependency>
        <groupId>org.apache.flink</groupId>
        <artifactId>flink-scala_${scala.version}</artifactId>
        <version>${flink.version}</version>
    </dependency>
    <!-- flink streaming 的 Scala 的 API -->
    <dependency>
        <groupId>org.apache.flink</groupId>
        <artifactId>flink-streaming-scala_${scala.version}</artifactId>
        <version>${flink.version}</version>
    </dependency>

    <!-- Flink Table 依赖包 -->
    <dependency>
        <groupId>org.apache.flink</groupId>
        <artifactId>flink-table-planner_${scala.version}</artifactId>
        <version>${flink.version}</version>
    </dependency>
    <dependency>
        <groupId>org.apache.flink</groupId>
        <artifactId>flink-table-planner-blink_${scala.version}</artifactId>
        <version>${flink.version}</version>
    </dependency>
    <dependency>
        <groupId>org.apache.flink</groupId>
        <artifactId>flink-csv</artifactId>
        <version>${flink.version}</version>
    </dependency>
    <dependency>
        <groupId>org.apache.flink</groupId>
        <artifactId>flink-connector-kafka-0.11_2.11</artifactId>
        <version>1.10.0</version>
    </dependency>
    <dependency>
        <groupId>org.slf4j</groupId>
        <artifactId>slf4j-nop</artifactId>
        <version>1.7.2</version>
    </dependency>
</dependencies>
```

　　上述代码主要配置与 Scala 编译相关的插件。scala-maven-plugin 插件实现了将 Scala 源代码编译为 class 文件，maven-assembly-plugin 插件配置了打包的方式、包含和过滤的文件类型。

```xml
<build>
<plugins>
    <plugin>
        <groupId>net.alchim31.maven</groupId>
        <artifactId>scala-maven-plugin</artifactId>
        <version>3.4.6</version>
        <executions>
            <execution>
                <id>scala-compile-first</id>
                <phase>process-resources</phase>
                <goals>
                    <goal>add-source</goal>
                    <goal>compile</goal>
                </goals>
            </execution>
            <execution>
                <id>scala-test-compile</id>
                <phase>process-test-resources</phase>
                <goals>
                    <goal>testCompile</goal>
                </goals>
            </execution>
        </executions>
    </plugin>
    <plugin>
        <groupId>org.apache.maven.plugins</groupId>
        <artifactId>maven-assembly-plugin</artifactId>
        <version>3.0.0</version>
        <configuration>
            <descriptorRefs>
                <descriptorRef>jar-with-dependencies</descriptorRef>
            </descriptorRefs>
        </configuration>
        <executions>
            <execution>
                <id>make-assembly</id>
                <phase>package</phase>
                <goals>
                        <goal>single</goal>
                    </goals>
                </execution>
            </executions>
```

```
        </plugin>
      </plugins>
  </build>
```

2. 创建文件

在本案例中，需要对文本文件中的单词进行统计。首先创建一个包含单词的文本文件 wordcount.txt 并将其作为数据源。

```
hello world
hello world hello
hello world java
hello world hello
hello world
hello world hello
hello world flink
hello world hello
hello world scala
hello world hello hello world
hello world hello
```

3. 单词批量统计

单词批量统计程序实现的主要功能是，读取文本文件中的内容，按照空格进行分词，将每个单词记录为元组形式，例如文本内容是"hello world hello"，构造成元组形式为（hello,1），（world,1），（hello,1）。元组构建完成以后，对所有元组进行统计，按照相同的单词进行分组，即两个（hello,1）分为一组，（world,1）分为一组。对相同单词的元组进行统计，得到最后的结果（hello,2）和（world,1）。如果还不理解程序中的某些语句也不用担心，后面的项目会详细介绍相应的算子，现阶段只需要按照程序清单编写程序并成功运行即可。

```scala
package chapter2

import org.apache.flink.api.scala.{DataSet, ExecutionEnvironment}
import org.apache.flink.streaming.api.scala._
/**
 * 批量处理单词统计
 */
object BatchWordCount {
  def main(args: Array[String]): Unit = {
    //获取执行环境
    val env = ExecutionEnvironment.getExecutionEnvironment
    //文件的路径
    val filePath = "data/wordcount.txt"
    //读取文件返回 Dataset
    val inputDataSet: DataSet[String] = env.readTextFile(filePath)
```

```
    val wordCountDataSet = inputDataSet
      //按照空格进行分词
      .flatMap(_.split(" "))
      //_代表单词（_,1）为二元组
      .map((_, 1))
      //根据第一个字段即单词进行分组
      .groupBy(0)
      //根据第二个字段即数量进行求和
      .sum(1)

    wordCountDataSet.print()

  }

}
```

运行程序并查看结果。程序的输出结果按照元组的形式输出了文本文件中单词的数量。

```
[INFO] Scanning for projects...
[INFO]
[INFO] --------------------< org.example:flink_project >----------------------
[INFO] Building flink_project 1.0-SNAPSHOT
[INFO] ------------------------------[ jar ]------------------------------
[INFO]
[INFO] --- exec-maven-plugin:3.1.0:exec (default-cli) @ flink_project ---
(scala,1)
(flink,1)
(world,12)
(hello,18)
(java,1)
[INFO] ------------------------------------------------------------------------
[INFO] BUILD SUCCESS
[INFO] ------------------------------------------------------------------------
[INFO] Total time:  6.182 s
[INFO] Finished at: 2023-01-01T22:22:36+08:00
[INFO] ------------------------------------------------------------------------
```

4．单词实时统计

单词实时统计程序实现的主要功能是，从网络中读取数据流，按照空格进行分词，把每个单词记录为元组形式，按照每收到一个单词就进行一次实时统计的方式进行统计。例如将文本内容"hello world hello"构造成元组形式，最终的输出结果为（hello,1）、（world,1）和（hello,2）。

```
package chapter2

import org.apache.flink.streaming.api.scala.{StreamExecutionEnvironment, _}
/**
 * 流式处理单词统计
 */
```

```scala
object StreamWordCount {

  def main(args: Array[String]): Unit = {

    //发送数据的主机名
    val host = "hadoop1"
    //发送数据的端口号
    val port = 5555
    //获取流处理的执行环境
    val env = StreamExecutionEnvironment.getExecutionEnvironment
    //设置并行度为1
    env.setParallelism(1)
    //从 Socket 中读取一行
    val textDataSteam = env.socketTextStream(host, port)
    //读取数据，分词后进行统计
    val wordCountDataStream = textDataSteam
      //按照空格进行分词
      .flatMap(_.split(" "))
      //构造元组（单词,1)
      .map((_, 1))
      //按照第一个字段进行分组聚合
      .keyBy(0)
      //按照第二个字段进行汇总
      .sum(1)

    wordCountDataStream.print()
    //执行
    env.execute()
  }
}
```

5. 安装 netcat

在单词实时统计程序中，需要借助 netcat 工具进行测试。netcat 是一款简单的基于 UDP 和 TCP 的 UNIX 网络工具，通过它可以轻易地建立任何网络连接。netcat 的安装过程如下。

（1）上传 netcat 安装包到服务器指定目录/opt/soft，并使用 tar 命令解压缩。

```
[hadoop@hadoop1 soft]$ tar -zxvf netcat-0.7.1.tar.gz -C /opt/soft
```

（2）切换到解压后的源文件目录。

```
[hadoop@hadoop1 soft]$ cd netcat-0.7.1
```

（3）使用 configure 配置安装路径为/opt/module/netcat。

```
[hadoop@hadoop1 netcat-0.7.1]$ ./configure -prefix=/opt/module/netcat
```

（4）使用 make 和 make install 命令进行编译安装。

```
[hadoop@hadoop1 netcat-0.7.1]make

[hadoop@hadoop1 netcat-0.7.1]make install
```

（5）编辑/etc/profile 文件，修改环境变量。

```
[hadoop@hadoop1 netcat-0.7.1]sudo vi /etc/profile

#netcat
export NETCAT_HOME=/opt/module/netcat
export PATH=$PATH:$NETCAT_HOME/bin
```

（6）使用 source 命令，使环境变量立即生效。

```
[hadoop@hadoop1 netcat-0.7.1]source /etc/profile
```

（7）运行 netcat -h 命令查看帮助。如果能够正常显示，则说明 netcat 安装成功，如图 2-9 所示。

```
[hadoop@hadoop1 netcat-0.7.1]netcat -h
```

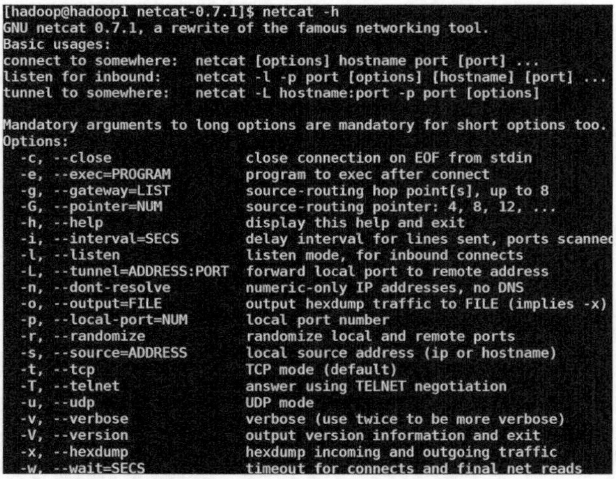

```
[hadoop@hadoop1 netcat-0.7.1]$ netcat -h
GNU netcat 0.7.1, a rewrite of the famous networking tool.
Basic usages:
connect to somewhere:  netcat [options] hostname port [port] ...
listen for inbound:    netcat -l -p port [options] [hostname] [port] ...
tunnel to somewhere:   netcat -L hostname:port -p port [options]

Mandatory arguments to long options are mandatory for short options too.
Options:
  -c, --close                close connection on EOF from stdin
  -e, --exec=PROGRAM         program to exec after connect
  -g, --gateway=LIST         source-routing hop point[s], up to 8
  -G, --pointer=NUM          source-routing pointer: 4, 8, 12, ...
  -h, --help                 display this help and exit
  -i, --interval=SECS        delay interval for lines sent, ports scanned
  -l, --listen               listen mode, for inbound connects
  -L, --tunnel=ADDRESS:PORT  forward local port to remote address
  -n, --dont-resolve         numeric-only IP addresses, no DNS
  -o, --output=FILE          output hexdump traffic to FILE (implies -x)
  -p, --local-port=NUM       local port number
  -r, --randomize            randomize local and remote ports
  -s, --source=ADDRESS       local source address (ip or hostname)
  -t, --tcp                  TCP mode (default)
  -T, --telnet               answer using TELNET negotiation
  -u, --udp                  UDP mode
  -v, --verbose              verbose (use twice to be more verbose)
  -V, --version              output version information and exit
  -x, --hexdump              hexdump incoming and outgoing traffic
  -w, --wait=SECS            timeout for connects and final net reads
```

图 2-9　netcat 命令说明

6. 测试单词实时统计程序

首先创建网络连接。开放指定端口以建立网络连接，这里指定的接口是 5555。需要说明的是，端口号不一定是 5555，只要端口号不冲突，任意的端口号都可以。修改端口号后，程序中的端口号也要进行相应的修改。

```
[hadoop@hadoop1 ~]nc -l -p 5555
```

在集成开发环境 IDEA 中运行单词实时统计程序 StreamWordCount，如图 2-10 所示。

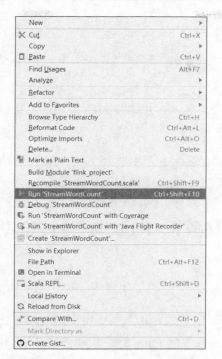

图 2-10　运行 StreamWordCount 程序

程序运行后,控制台没有任何关于单词统计的输出,这是因为 netcat 还没有发送数据流。

```
[INFO] ---------------------< org.example:flink_project >----------------------
[INFO] Building flink_project 1.0-SNAPSHOT
[INFO] --------------------------------[ jar ]---------------------------------
[INFO]
[INFO] --- exec-maven-plugin:3.1.0:exec (default-cli) @ flink_project ---
```

输入一行文本进行测试,单词之间使用空格分隔。

```
[hadoop@hadoop1 ~]nc -l -p 5555
hello scala hello flink
```

在控制台中查看结果。可以看到,结果以元组的形式进行输出。

```
[INFO] ---------------------< org.example:flink_project >----------------------
[INFO] Building flink_project 1.0-SNAPSHOT
[INFO] --------------------------------[ jar ]---------------------------------
[INFO]
[INFO] --- exec-maven-plugin:3.1.0:exec (default-cli) @ flink_project ---
(hello,1)
(scala,1)
(hello,2)
(flink,1)
```

在结果中可以看到 4 行输出,下面对结果进行分析。

- 第 1 行输出(hello,1),表示客户端收到单词"hello",因为是第 1 次收到这个单词,所以统计次数是 1 次。

● 第 2 行输出（scala,1），表示客户端收到单词"scala"，因为是第 1 次收到这个单词，所以统计次数是 1 次。

● 第 3 行输出（hello,2），表示客户端收到单词"hello"，因为是第 2 次收到这个单词，所以统计次数是 2 次。

● 第 4 行输出（flink,1），表示客户端收到单词"flink"，因为是第 1 次收到这个单词，所以统计次数是 1 次。

任务 3 Flink 项目打包部署

【任务描述】

本任务主要介绍将 Flink 程序部署到集群环境中。通过本任务的学习和实践，读者可以掌握 Flink 程序打包的方法，并掌握 Flink 程序集群部署和运行的方法。

【任务实施】

1. 使用 Maven 打包

通过 Maven 的 package 命令打包程序，如图 2-11 所示。

图 2-11   通过 Maven 的 package 命令打包程序

在控制台中可以查看生成的 jar 包文件所在的路径。之后就可以将打包文件上传到集群环境中了。

```
[INFO] --- maven-assembly-plugin:3.0.0:single (make-assembly) @ flink_project ---
[INFO] Building jar: C:\idea_project\flink_project\target\flink_project-1.0-SNAPSHOT-jar-with-dependencies.jar
[INFO] ------------------------------------------------------------------------
[INFO] BUILD SUCCESS
[INFO] ------------------------------------------------------------------------
```

2. 部署测试

（1）启动 netcat，监听端口号设置为 5555。

```
[hadoop@hadoop1 ~]$ nc -l -p 5555
```

（2）启动 Flink 集群。

```
[hadoop@hadoop1 ~]$ start-cluster.sh
```

（3）在 Web 浏览器中输入 http://hadoop1:8081，以打开 Flink 集群的管理页面。单击 Submit New Job 菜单中的 Add New 按钮，提交新的作业，如图 2-12 所示。

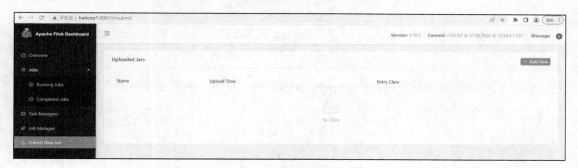

图 2-12　提交新的作业

（4）选择 Flink 项目的软件包 flink_project-1.0-SNAPSHOT-jar-with-dependencies.jar，然后单击"打开"按钮，如图 2-13 所示。

图 2-13　选择 Flink 项目的软件包

（5）添加完成后，单击 Entity Class 列，配置作业参数，如图 2-14 所示。

- Entry Class：程序入口类，形式为包名+类名，如 chapter2.StreamWordCount。

- Parallelism：并行度，这里先设置为 1，后续项目会讲解这个参数的含义。
- Program Arguments：程序参数，这个程序没有入口参数，不用设置。
- Savepoint Path：保存点路径，采用默认路径即可。

图 2-14　配置作业参数

（6）配置完作业参数以后，单击 Submit 按钮提交作业，如图 2-15 所示。

图 2-15　提交作业参数

（7）测试单词统计功能。在已经启动的 netcat 中输入一行测试的单词，单词之间使用空格分隔。

```
[hadoop@hadoop1 ~]$ nc -l -p 5555
hello scala hello flink
```

（8）查看输出结果。单击 Task Managers 菜单，显示任务管理器列表，如图 2-16 所示。

图 2-16　任务管理器列表

（9）单击 Task Manager 菜单，分别查看输出结果，如图 2-17 所示。

图 2-17　查看输出结果

项目小结

本项目通过 3 个任务讲解了 Flink 集群环境的搭建、基于 Flink 的单词统计程序的开发及 Flink 任务集群部署的方法。本项目主要包括以下内容。

- Flink 集群的部署模式主要包括独立集群模式、YARN 模式等。
- Flink 集群的规划。通过 3 台服务器节点搭建 Flink 集群。
- 网络工具 netcat 的安装及使用。
- 使用 netcat 测试 Flink 单词实时统计程序。
- 将 Flink 程序部署到集群环境中运行并查看输出结果。

思考与练习

理论题

简答题

1．简述 Flink 集群部署的方式以及优缺点。

2．简述 Flink 对单词统计的批量处理方式和流式处理方式的主要区别。

3．简述 Flink 中资源管理器和任务管理器的主要区别。

实训题

1．结合本项目所学知识，搭建 Flink 集群环境。

2．编写单词统计程序，并打包后部署到 Flink 集群环境中运行。

项目 3

Flink 流式 API 应用

 **项目导读**

　　在介绍如何搭建基于集成开发环境 IDEA 的 Flink 开发环境以及 Flink 集群环境后，本项目讲解 Flink 流式 API 的基本应用。Flink 数据处理的流程一般是获取执行环境、从数据源读取数据、对数据进行转换以及输出处理结果。基于这样的数据处理流程，本项目将 API 的基本应用融入案例中，通过案例程序的讲解，帮助读者学习 Flink 流式 API 的基本应用。

思政目标

- 培养学生增强民族自豪感，坚定四个自信，践行社会主义核心价值观。

- 培养学生谦虚友善、诚实正直的人格。

教学目标

- 掌握编写流式数据处理程序的流程。

- 了解常用的数据源。

- 掌握基本的转换操作。

- 掌握常用的输出操作。

- 掌握自定义数据源、转换和输出的方式。

任务 1　创建 Flink 程序执行环境

【任务描述】

本任务主要介绍创建 Flink 程序的执行环境。通过本任务的学习和实践，读者可以了解 Flink 数据处理的一般流程，掌握创建 Flink 程序执行环境的方法。

【知识链接】

1. Flink 数据处理的流程

Flink 数据处理的一般流程如下。

- 获取执行环境：执行环境可以是批量处理环境，也可以是流式处理环境。

- 从数据源读取数据：数据源可以来自文件、网络数据流（如 Socket）、消息中间件（如 Kafka）和自定义数据源等。

- 对数据进行转换：可以通过 Flink 提供的转换算子对数据流进行转换。

- 输出处理结果：对数据进行处理以后的结果一般会持久化存储。主要的存储位置有关系数据库（如 MySQL）、文件系统、非关系数据库（如 Redis）或者自定义输出位置。

Flink 数据处理的一般流程如图 3-1 所示。

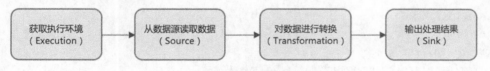

图 3-1　Flink 数据处理的一般流程

首先介绍如何获取执行环境。

2. 获取执行环境

Flink 数据处理流程的第一步是获取执行环境。执行环境是 StreamExecutionEnvironment 类的对象。在 Flink 程序中创建执行环境的方式是调用这个类的静态方法。

createLocalEnvironment 方法返回一个本地执行环境。

```
val localEnv=StreamExecutionEnvironment.createLocalEnvironment
```

createRemoteEnvironment 方法返回集群执行环境。

需要注意的是，在调用时指定 3 个参数——作业管理器的主机名（IP 地址）、作业管理器的端口号和提交给作业管理器的 jar 包。

```
val remoteEnv = StreamExecutionEnvironment
  .createRemoteEnvironment(
  "hostname",    //作业管理器的主机名
  1234,          //作业管理器进程端口号
  "path/to/jarFile.jar"   //提交给作业管理器的 jar 包
      )
```

getExecutionEnvironment 是最简单的调用方式，也是最常用的调用方式。

直接调用 getExecutionEnvironment 方法，这个方法会根据当前运行的上下文环境自行判断，并返回正确的运行环境。

```
val env = StreamExecutionEnvironment.getExecutionEnvironment
```

想要触发程序运行，应显式调用执行环境的 execute 方法。

execute 方法将一直等待作业完成，然后返回一个输出结果。

【任务实施】

编写如下程序，以获取执行环境。

```
package chapter3

import org.apache.flink.streaming.api.scala._

/**
 * 获取执行环境
 */
object EnvTest {
  def main(args: Array[String]): Unit = {
    //获取执行环境
    val env = StreamExecutionEnvironment.getExecutionEnvironment
    //开始运行
    env.execute()
  }
}
```

任务 2　创建 Flink 数据源

【任务描述】

本任务主要介绍如何创建 Flink 数据源。通过本任务的学习和实践，读者可以了解 Flink 的常用数据源，并掌握创建 Flink 数据源的方法。

【知识链接】

数据源

一般将数据的输入来源称为数据源。Flink 支持非常丰富的数据源，数据可以来自文件系统、关系数据库（如 MySQL）和消息中间件（如 Kafka）等。读取数据的算子称为源（Source）算子。在 Flink 程序中添加数据源的方式是调用执行环境的 addSource 方法。该方法传入一个对象参数，该对象参数需要实现 SourceFunction 接口，最后返回一个 DataStream 对象。

```
val stream = env.addSource(...)
```

【任务实施】

1. 数据源设计

为了方便读者更直观地理解数据源的应用，接下来通过一个应用场景来说明。设想这样一个场景：用户在访问网站时单击感兴趣的网站链接，每单击一次，系统就会把用户单击的网址链接记录下来，同时也记录用户在网站停留的时间，这样可以对特定用户的行为进行分析，以便根据用户的行为推荐相关的网站内容。用户每单击一次网站链接打开新页面或者刷新一个网站页面的行为称为一次页面访问（Page View，PV）。页面访问记录的设计如表 3-1 所示。

表 3-1 页面访问记录的设计

属性名称	数据类型	说明
id	int	记录 ID
timestamp	long	访问时间戳（单位为秒）
userId	int	用户 ID
visitUrl	string	访问的链接
visitTime	int	访问停留时间（单位为秒）

在 Scala 中，可以使用样例类进行设计。类的名称是 PageView。

```
/**
 * 页面访问记录
 *
 * @param id ID
 * @param timestamp 访问时间戳（秒）
 * @param userId 用户 ID
 * @param visitUrl 访问的链接
 * @param visitTime 访问停留时间（秒）
```

```
    */
case class PageView(id: int, timestamp: long, userId: int, visitUrl: string, visitTime: int)
```

2. 集合数据源

在 Flink 程序中实现集合数据源的最简单的方式就是调用方法执行环境的 fromCollection 方法。首先读取集合中的数据，然后将数据存储到计算机的内存中并作为数据源。需要说明的是，在实际的应用中，由于处理的数据是海量数据，这些数据一般无法都存储到内存中，所以这个方法一般只用于测试。

```scala
object SourceTest1 {
  def main(args: Array[String]): Unit = {
    //获取执行环境
    val env = StreamExecutionEnvironment.getExecutionEnvironment
    //设置并行度
    env.setParallelism(1)
    //从集合中读取数据
    val dataStream: DataStream[PageView] = env.fromCollection(List(
      PageView(1, 1547718100, 1,"/index.html",10),
      PageView(2, 1547718200, 2,"/index.html",20),
      PageView(3, 1547719300, 3,"/index.html",10),
      PageView(4, 1547720300, 1,"/goods.html",100),
      PageView(5, 1547720600, 2,"/cart.html",30)
    ))
    //输出数据流
    dataStream.print()
    //开始运行
    env.execute()
  }
}
```

运行程序并查看结果。输出结果如下。

```
[INFO] --- exec-maven-plugin:3.1.0:exec (default-cli) @ flink_project ---
PageView(1,1547718100,1,/index.html,10)
PageView(2,1547718200,2,/index.html,20)
PageView(3,1547719300,3,/index.html,10)
PageView(4,1547720300,1,/goods.html,100)
PageView(5,1547720600,2,/cart.html,30)
[INFO] ------------------------------------------------------------------------
```

3. 文件数据源

在大数据项目中，文件数据是很常见的数据源。例如可以将用户访问网站的行为记录到日志文件中。在 Flink 程序中，可以使用 readTextFile 方法可以读取文本文件的内容。

首先创建一个文本文件，其中记录了用户访问网站的行为，文件名称为 pageview，文件采用 CSV 格式，其中多个字段使用逗号（,）进行分隔。每行代表一条用户访问记录，各字段的顺序分别是记录 ID（id）、访问时间戳（timestamp）、用户 ID（userId）、访问的链接（visitUrl）和访问停留时间（visitTime）。

```
1,1547718100,1,/index.html,10
2,1547718200,2,/index.html,20
3,1547719300,3,/index.html,10
4,1547720300,1,/goods.html,100
5,1547720600,2,/cart.html,30
```

在 pageview.csv 文件创建完成以后，调用执行环境的 readTxtFile 文件以读取文本文件，传入的参数是文件路径或者具体的文件。如果传入的参数是文件路径，文件路径同时支持相对路径和绝对路径。在大数据应用中，海量数据一般存储到 HDFS 上，Flink 支持从 HDFS 目录中读取文本文件，使用时需要将 hdfs:// 作为文件路径的前缀。

```
object SourceTest2 {
  def main(args: Array[String]): Unit = {
    //获取执行环境
    val env = StreamExecutionEnvironment.getExecutionEnvironment
    //设置并行度
    env.setParallelism(1)
    //从文件中读取数据
    val dataStream: DataStream[String] = env.readTextFile("data/pageview.csv")
    //输出数据流
    dataStream.print()
    //开始运行
    env.execute()
  }
}
```

运行程序并查看结果。输出结果如下。

```
[INFO] --- exec-maven-plugin:3.1.0:exec (default-cli) @ flink_project ---
1,1547718100,1,/index.html,10
2,1547718200,2,/index.html,20
3,1547719300,3,/index.html,10
4,1547720300,1,/goods.html,100
5,1547720600,2,/cart.html,30
[INFO] ------------------------------------------------------------------------
```

4. 网络（Socket）数据源

在大数据应用中，流式数据往往来源于网络数据。Flink 支持从 Socket 读取文本数据流，实现方式是调用执行环境 socketTextStream 方法。socketTextStream 方法有两个参数：第 1 个参数是连接 Socket 的主机名称；第 2 个参数是连接 Socket 的端口号。下面的案例接收从 Socket

发送的文本数据，并在控制台进行输出。

（1）在服务器 hadoop1 中启动 netcat，端口号设置为 5555。

```
[hadoop@hadoop1 ~]$ nc -l -p 5555
```

（2）启动成功后，运行如下程序，从 Socket 中读取文本数据流。

```scala
object SourceTest3 {
  def main(args: Array[String]): Unit = {
    //获取执行环境
    val env = StreamExecutionEnvironment.getExecutionEnvironment
    //设置并行度
    env.setParallelism(1)
    //从文件中读取数据
    val dataStream: DataStream[String] = env.socketTextStream("hadoop1",5555)
    //输出数据流
    dataStream.print()
    //开始运行
    env.execute()
  }
}
```

（3）在服务器端输入测试数据，每行输入一条记录。

```
[hadoop@hadoop1 ~]$ nc -l -p 5555
1,1547718100,1,/index.html,10
2,1547718200,2,/index.html,20
3,1547719300,3,/index.html,10
```

（4）观察程序的输出结果。从 Socket 中读取的文本数据流会在控制台中显示。

```
[INFO] ------------------------------[ jar ]------------------------------
[INFO]
[INFO] --- exec-maven-plugin:3.1.0:exec (default-cli) @ flink_project ---
1,1547718100,1,/index.html,10
2,1547718200,2,/index.html,20
3,1547719300,3,/index.html,10
```

任务 3　Flink 转换算子的应用

【任务描述】

本任务主要介绍 Flink 常用转换算子的应用。通过本任务的学习和实践，读者可以了解

Flink 的常用转换算子，掌握 Flink 常用转换算子的使用方法。

【知识链接】

转换算子

从数据源读取数据以后，根据项目的需求，对数据进行各种转换操作，也就是将数据流转换为新的数据流。数据流的转换操作涉及单数据流的操作和多数据流的操作。一个数据流进行分流操作后可以转换为多个数据流，多个数据流也可以通过合并流的操作转换为一个新的数据流。多数据流的操作在后续的项目中讨论。本项目主要讲解一个数据流转换为一个新的数据流的转换操作。基本的数据流转换算子有 filter（过滤）、map（映射）和 flatMap（扁平化映射）等。

【任务实施】

1.　filter 算子应用

过滤操作是数据处理常见的操作方式。通过过滤操作也可以去掉异常数据。如在传感器数据处理中，基于温度过高或者温度过低的数据，可以判断传感器出现了异常。对于这样的数据，可以认为是不合理的数据，在数据分析时，可以直接去掉。在 Flink 中使用 filter 算子实现数据过滤，如图 3-2 所示。

图 3-2　filter 算子示意

下面的案例实现了在用户访问记录中只保留访问了首页（index.html）的记录，即只对访问首页的数据进行分析，不处理其他页面的访问记录。filter 算子的参数类型是 Boolean 类型，也就是说，如果逻辑表达式判断为真就保留数据，判断为假就过滤数据。

```
package chapter3

import org.apache.flink.streaming.api.scala._

object TransTest1 {
  def main(args: Array[String]): Unit = {
    //获取执行环境
    val env = StreamExecutionEnvironment.getExecutionEnvironment
    //设置并行度
    env.setParallelism(1)
```

```
//从集合数据源中读取数据
val dataStream: DataStream[PageView] = env.fromCollection(List(
  PageView(1, 1547718100, 1,"/index.html",10),
  PageView(2, 1547718200, 2,"/index.html",20),
  PageView(3, 1547719300, 3,"/index.html",10),
  PageView(4, 1547720300, 1,"/goods.html",100),
  PageView(5, 1547720600, 2,"/cart.html",30)
))
//过滤访问首页（index.html）的记录
val dataStream2=dataStream.filter(_.visitUrl=="/index.html")
//控制台输出
dataStream2.print()
//开始运行
env.execute()
  }
}
```

运行程序并查看结果。可以看到，控制台输出的数据只保留了与首页（index.html）相关的用户记录，过滤了其他的访问记录。

```
[INFO] --- exec-maven-plugin:3.1.0:exec (default-cli) @ flink_project ---
PageView(1,1547718100,1,/index.html,10)
PageView(2,1547718200,2,/index.html,20)
PageView(3,1547719300,3,/index.html,10)
[INFO] -------------------------------------------------------------------------
```

2. map 算子应用

映射操作也是数据处理中常见的操作，可以实现将数据流中的每一个元素针对一个特定的规则转换为另一个元素。在 Flink 程序中，映射操作通过 map 算子实现，如图 3-3 所示。例如，输入数据流是圆形的半径，输出数据流是圆形的面积；输入数据流是温度传感器的摄氏温度，输出数据流是华氏温度。映射操作也可以将数据流中的数据格式进行相应的转换。例如，输入数据流中的元素是三元组，输出数据流中的元素是二元组形式；输入数据流中的元素是对象格式，输出数据流中的元素是元组形式。

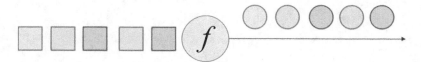

图 3-3　map 算子示意

映射操作输入的参数是一个函数，函数的返回结果是映射操作后的元素。下面的案例实现了将 PageView 对象通过映射形式转换为三元组形式，只保留用户 ID、访问链接和访问停留时间。

```
package chapter3

import org.apache.flink.streaming.api.scala._

object TransTest2 {
  def main(args: Array[String]): Unit = {
    //获取执行环境
    val env = StreamExecutionEnvironment.getExecutionEnvironment
    //设置并行度
    env.setParallelism(1)
    //从集合数据源中读取数据
    val dataStream: DataStream[PageView] = env.fromCollection(List(
      PageView(1, 1547718100, 1,"/index.html",10),
      PageView(2, 1547718200, 2,"/index.html",20),
      PageView(3, 1547719300, 3,"/index.html",10),
      PageView(4, 1547720300, 1,"/goods.html",100),
      PageView(5, 1547720600, 2,"/cart.html",30)
    ))
    //转换为元组
    val dataStream2=dataStream.map(pageView=>(pageView.userId,pageView.visitUrl,pageView
.visitTime))
    //控制台输出
    dataStream2.print()
    //开始运行
    env.execute()
  }
}
```

运行程序并查看结果。可以看到，控制台输出的数据均为三元组形式。

```
[INFO] --- exec-maven-plugin:3.1.0:exec (default-cli) @ flink_project ---
(1,/index.html,10)
(2,/index.html,20)
(3,/index.html,10)
(1,/goods.html,100)
(2,/cart.html,30)
[INFO] ------------------------------------------------------------------------
```

3. flatMap 算子应用

扁平化映射操作主要包含两个步骤——映射操作和扁平化操作。在 Flink 程序中，扁平化映射操作通过 flatMap 算子实现，如图 3-4 所示。在数据处理的过程中，可能需要对数据进行降维处理，如将二维数据转换为一维数据，这个过程可以认为是扁平化操作。

图 3-4　flatMap 算子示意

为了方便理解扁平化，这里通过一个例子来解释。例如，单词统计程序的数据源是二维数组，二维数组中的每一个元素是一维数组，格式如下：

[[hello,world,hello,flink],[hello,scala]]

为了方便对单词进行统计，可以将数据的形式转换为一维数组的形式，即

[hello,world,hello,flink,hello,scala]

这个转换过程就是扁平化。扁平化映射是指先做映射操作，然后将映射操作以后的数据进行扁平化，在 Flink 程序中，flatMap 算子的输入参数是一个函数，通过函数对数据流中的每一个元素进行映射，然后将映射转换的结果进行扁平化。

下面的案例实现了单词统计的流程，输入数据流中的数据是一行文本，包含多个单词，通过 split 方法进行分词处理，将一行文本转换为单词数组形式，再通过扁平化操作将数组形式转换为单词形式。

```scala
package chapter3

import org.apache.flink.streaming.api.scala._

object TransTest3 {
  def main(args: Array[String]): Unit = {
    //获取执行环境
    val env = StreamExecutionEnvironment.getExecutionEnvironment
    //设置并行度
    env.setParallelism(1)
    //从集合数据源中读取数据
    val dataStream: DataStream[String] = env.fromCollection(List(
      "hello world hello flink",
      "hello scala"
    ))
    //按照空格进行分词
    //val dataStream2=dataStream.flatMap(line=>line.split(" "))
    val dataStream2=dataStream.flatMap(_.split(" "))
    //控制台输出
    dataStream2.print()
    //开始运行
    env.execute()
  }
}
```

运行程序并查看结果。可以看到，输入数据流中的文本已经转换为单词的形式。

```
[INFO] --- exec-maven-plugin:3.1.0:exec (default-cli) @ flink_project ---
hello
world
hello
flink
hello
scala
[INFO] ------------------------------------------------------------------------
```

4. keyBy 算子应用

在对海量的数据进行处理前，往往要进行分区操作。分区以后的数据可以并行计算，在各个分区内进行聚合操作。分区操作可以通过 keyBy 算子来实现，如图 3-5 所示。keyBy 算子可以将一条数据流从逻辑上划分为不同的分区，不同的分区就是可以并行处理的不同子任务，然后将相同的 Key 对应的数据分配到相同的分区进行计算。

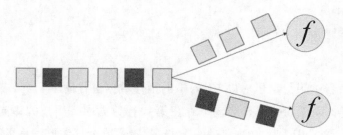

图 3-5　keyBy 算子示意

那么如何来确定 Key 的值呢？一般可以通过取模的方式实现，即计算 Key 的 Hash（哈希）值，按照 Hash 值进行取模计算，相同结果的数据划分到同一分区。keyBy 算子需要传入一个参数，这个参数指定了一个或一组 Key。确定 Key 的方法有很多种，如对于元组数据类型，可以指定字段的位置或者多个位置的组合；对于 Scala 样例类，可以指定属性的名称。

下面的案例实现了在用户浏览网站的记录中按照用户统计总访问时间。具体实现方式是：首先将原始记录转换为二元组，即只包含用户 ID 和访问时间；然后对这个二元组按照用户 ID 进行分组；最后对分组后的数据按照元组第 2 个元素进行求和操作。这样，相同用户 ID 的数据就划分到一个分区中，进而统计每个用户的总访问时间。

```
package chapter3

import org.apache.flink.streaming.api.scala._

object TransTest4 {
  def main(args: Array[String]): Unit = {
    //获取执行环境
    val env = StreamExecutionEnvironment.getExecutionEnvironment
    //设置并行度
```

```
        env.setParallelism(1)
        //从集合数据源中读取数据
        val dataStream = env.fromCollection(List(
            (1, 1547718100, 1, "/index.html", 10),
            (2, 1547718200, 2, "/index.html", 20),
            (3, 1547719300, 3, "/index.html", 10),
            (4, 1547720300, 1, "/goods.html", 100),
            (5, 1547720600, 2, "/cart.html", 30)
        ))
        //转换为二元组（用户 ID，访问时间）
        val keyedStream = dataStream.map(pageView => (pageView._3, pageView._5))
            //按照用户 ID 进行分组，按照访问时间进行汇总
            .keyBy(_._1).sum("_2")
        //输出结果
        keyedStream.print()
        //开始运行
        env.execute()
    }
}
```

运行程序并查看结果。这里对以 ID 为 1 的用户数据进行简单分析。在第 1 行数据中，用户停留在页面的时间是 10s，直接输出。在第 4 行数据中，用户的访问时间是 100s，控制台输出是 110s，这是因为用户访问时间 100s 会加上第 1 行访问时间的 10s，汇总的结果是 110s。

```
[INFO] --- exec-maven-plugin:3.1.0:exec (default-cli) @ flink_project ---
(1,10)
(2,20)
(3,10)
(1,110)
(2,50)
[INFO] ------------------------------------------------------------------------
```

5. 规约聚合

对于一组数据进行处理，可以先对两个数据进行合并，然后将合并的结果看作一个数据，再和新的数据进行合并，经过一系列的合并操作，最终形成唯一的数据，即规约（reduce）后的结果数据。

在流式处理的底层实现过程中，实际上是将中间聚合操作的结果作为任务的状态保存，之后每处理一个新的数据都和之前的聚合状态进行合并，形成新的聚合结果。

规约操作并不会改变输入数据流的元素数据类型，输出类型和输入类型是一样的。reduce 方法需要传入一个参数，这个参数实现了 ReduceFunction 接口。该接口包含一个 reduce 方法，这个方法接收两个输入事件，经过转换处理之后，输出一个相同类型的事件。

　　下面的案例实现了计算每一个传感器的最低温度的功能，进而找到每个传感器温度的最低值。最简单的想法是每收到一条传感器的数据，就将这个传感器的温度和以前保存的传感器的温度进行比较，如果当前传感器的温度更低，那么保存这个最低值，替换以前的值。

```
package chapter3

import org.apache.flink.streaming.api.scala._

object TransTest5 {
  def main(args: Array[String]): Unit = {
    //获取执行环境
    val env = StreamExecutionEnvironment.getExecutionEnvironment
    //设置并行度
    env.setParallelism(1)
    val dataStream = env.fromCollection(List(
      ("sensor_1", 35.8),
      ("sensor_2", 15.4),
      ("sensor_2", 16.7),
      ("sensor_2", 19.2),
      ("sensor_1", 36.9)
    ))
    //统计每个传感器温度的最低值
    val keyedStream = dataStream.keyBy(0)
    val dataStream2= keyedStream
      .reduce((sensorData, newSensorData) =>{
        //println("sensor1:"+sensorData._2+ " vs sensor2: "+sensorData._2)
        (sensorData._1, sensorData._2.min(sensorData._2))
      })
    //输出结果
    dataStream2.print()
    //开始运行
    env.execute()
  }
}
```

运行程序并查看结果。下面对输出结果进行分析。

- 通过 keyBy 算子操作，按照传感器的 ID 进行分组，sensor_1 和 sensor_2 的数据会分到不同的组中。

- 第 1 条数据没有可以比较的数据，直接输出，此时第 1 个传感器的最低温度为 35.8℃。

- 第 2 条数据没有可以比较的数据，直接输出，此时第 2 个传感器的最低温度为 15.4℃。

- 第 3 条数据为第 2 个传感器的温度 16.7℃，和它的最低温度进行比较，因为 16.7℃

高于 15.4℃，所以此时第 2 个传感器的最低温度状态不变，依然是 15.4℃。

- 后面数据的比较方式不变，输出最终的结果。

```
[INFO] --- exec-maven-plugin:3.1.0:exec (default-cli) @ flink_project ---
(sensor_1,35.8)
(sensor_2,15.4)
(sensor_2,15.4)
(sensor_2,15.4)
(sensor_1,35.8)
[INFO] ------------------------------------------------------------------------
```

6．自定义函数

当 Flink 内置的算子不能满足需求时，用户可以自定义函数来实现相应的功能。Flink 暴露了所有用户自定义函数的接口，具体的实现方式为接口或抽象类，如 MapFunction、FilterFunction 等。所以最简单、最直接的实现方式就是定义一个函数类，实现相应的接口。

下面的案例实现了这样一个功能：在用户访问网站的记录中，有的记录在页面停留时间过短，在做数据分析时，需要过滤停留时间过短的数据。这个功能可以通过一个自定义过滤函数来实现，传入的参数是最小的页面访问时间，如果小于这个时间点就过滤数据不做分析。

自定义的过滤函数主要实现 FilterFunction 接口的方法。接口的 filter 方法输入的参数是一个 PageView 对象，返回的结果是 Boolean 类型的值，如果这个值为真，那么保留 PageView 对象，否则过滤该对象。

```scala
package chapter3

import org.apache.flink.api.common.functions.FilterFunction
import org.apache.flink.streaming.api.scala._

object TransTest6 {
  def main(args: Array[String]): Unit = {
    //获取执行环境
    val env = StreamExecutionEnvironment.getExecutionEnvironment
    //设置并行度
    env.setParallelism(1)
    //从集合数据源中读取数据
    val dataStream: DataStream[PageView] = env.fromCollection(List(
      PageView(1, 1547718100, 1, "/index.html", 10),
      PageView(2, 1547718200, 2, "/index.html", 20),
      PageView(3, 1547719300, 3, "/index.html", 10),
      PageView(4, 1547720300, 1, "/goods.html", 100),
      PageView(5, 1547720600, 2, "/cart.html", 30)
```

```
    ))
    val dataStream2 = dataStream.filter(new MyFilterFunc(10))
    //输出结果
    dataStream2.print()
    //开始运行
    env.execute()
}


/**
 * 按照访问时间进行过滤，过滤小于指定时间的记录
 *
 * @param minVisitTime 最小时间
 */
class MyFilterFunc(minVisitTime: Int) extends FilterFunction[PageView] {
    /**
     * 保留访问时间超过最小时间的记录
     *
     * @param pageView PageView对象
     * @return 访问时间是否超过最小时间
     */
    override def filter(pageView: PageView): Boolean = pageView.visitTime > minVisitTime
}
```

运行程序并查看结果。可以看到，页面访问时间小于或等于 10s 的数据都被过滤了。

```
PageView(2,1547718200,2,/index.html,20)
PageView(4,1547720300,1,/goods.html,100)
PageView(5,1547720600,2,/cart.html,30)
[INFO] -----------------------------------------------------------------
```

7. 自定义富函数类

相对于用户自定义函数类，用户自定义的富函数类提供了更丰富的接口。富函数一般是以抽象类的形式出现，如 RichMapFunction、RichFilterFunction 类。

富函数类与常规函数类的区别是：富函数类可以获取运行环境的上下文，并拥有一些生命周期的方法，可以实现更复杂的功能。典型的生命周期方法有 open 方法和 close 方法。

- open 方法：富函数的初始化方法，也就是会开启一个算子的生命周期。在调用算子的实际方法如 map 之前，open 方法会首先被调用，进行初始化操作。
- close 方法：生命周期调用的最后一个方法一般用于一些清理工作。生命周期的方法对于一个并行任务来说只会调用一次，而对应的实际工作方法，如 RichMapFunction 中的 map 方法，在收到每条数据后都会调用一次。

下面的自定义 RichMapFunction 案例实现了将 PageView 对象转换为三元组形式。为了验证在 RichMapFunction 函数中并行任务的调用方式，程序设置的并行度为 2，即启动 2 个并行的子任务，每个子任务初始化时，会分别调用 open 方法，在任务结束时会分别调用 close 方法。

```scala
package chapter3

import org.apache.flink.api.common.functions.RichMapFunction
import org.apache.flink.configuration.Configuration
import org.apache.flink.streaming.api.scala._

object TransTest7 {
  def main(args: Array[String]): Unit = {
    //获取执行环境
    val env = StreamExecutionEnvironment.getExecutionEnvironment
    //设置并行度
    env.setParallelism(2)
    //从集合数据源中读取数据
    val dataStream: DataStream[PageView] = env.fromCollection(List(
      PageView(1, 1547718100, 1, "/index.html", 10),
      PageView(2, 1547718200, 2, "/index.html", 20),
      PageView(3, 1547719300, 3, "/index.html", 10),
      PageView(4, 1547720300, 1, "/goods.html", 100),
      PageView(5, 1547720600, 2, "/cart.html", 30)
    ))
    //过滤访问 index.html 页面的记录
    val dataStream2 = dataStream.map(new MyRichMap())
    //控制台输出
    dataStream2.print()
    //开始运行
    env.execute()
  }

  /**
   * 自定义 map 函数
   */
  class MyRichMap() extends RichMapFunction[PageView, (Int, String, Int)] {
    /**
     * 任务打开
     * @param parameters
     */
    override def open(parameters: Configuration): Unit = {
      println("index:" + getRuntimeContext.getIndexOfThisSubtask + "  start")
    }
```

```
/**
 * 运行 map
 * @param in PageView对象
 * @return 三元组
 */
override def map(in: PageView) = (in.userId, in.visitUrl, in.visitTime)


/**
 * 任务关闭
 */
override def close(): Unit = {
  println("index:" + getRuntimeContext.getIndexOfThisSubtask + " end")
}
}
}
```

运行程序并查看结果。因为并行度设置为 2，所以 Flink 程序会启动 2 个子任务，open 方法和 close 方法分别会被不同的子任务调用。每个子任务只调用一次 open 方法和 close 方法。每个 PageView 对象会被不同的子任务调用，转换为相应的三元组形式，map 方法会在接收到每个 PageView 对象时进行调用。

```
[INFO] --- exec-maven-plugin:3.1.0:exec (default-cli) @ flink_project ---
index:0  start
index:1  start
1> (2,/index.html,20)
2> (1,/index.html,10)
1> (1,/goods.html,100)
2> (3,/index.html,10)
2> (2,/cart.html,30)
index:0 end
index:1 end
[INFO] ------------------------------------------------------------------------
```

任务 4　数据输出

【任务描述】

本任务主要介绍 Flink 常用数据输出的应用。通过本任务的学习和实践，读者可以了解 Flink 的常用数据输出方式，掌握 Flink 数据输出的使用方法。

【知识链接】

结果输出（Sink）

数据流在经历一系列的数据转换操作以后，最终的计算结果要写入外部存储系统中，为其他应用提供数据支持。Flink 系统提供了很多内置的输出操作。Flink 可以将计算结果输出到文件系统中，存储为一个文本文件，也可以将结果输出到消息中间件（如 Kafka）中，或者将结果输出到关系数据库（如 MySQL）或者非关系数据库（如 Redis）中。

【任务实施】

1. Flink 输出到文件

Flink 专门提供了一个流式文件系统的连接器 StreamingFileSink。它继承自抽象类 RichSinkFunction，可以为流式处理和批量处理提供统一的 API，它的主要操作是将分区文件写入支持的文件系统中。主要的设计思想是，首先将流式数据写入"桶"，每个桶中的数据都可以分割成一个个大小有限的分区文件，这样就实现了真正的分布式存储。默认分桶的方式是基于时间的，每小时的数据写入一个新桶，用户也可以根据自己的需要控制分桶的策略。

下面的案例实现了将 PageView 对象以文本的形式存储到分区的文件中。存储的路径是相对路径./output，文件的编码形式是 UTF-8。为了验证数据的分区存储，程序将执行环境的并行度设置为 2，即在同一个桶内将数据写入 2 个文件中。

```scala
package chapter3

import org.apache.flink.api.common.serialization.SimpleStringEncoder
import org.apache.flink.core.fs.Path
import org.apache.flink.streaming.api.functions.sink.filesystem.StreamingFileSink
import org.apache.flink.streaming.api.scala._

object FileSink {
  def main(args: Array[String]): Unit = {
    //获取执行环境
    val env = StreamExecutionEnvironment.getExecutionEnvironment
    //设置并行度
    env.setParallelism(2)
    //从集合数据源中读取数据
    val dataStream: DataStream[PageView] = env.fromCollection(List(
      PageView(1, 1547718100, 1, "/index.html", 10),
      PageView(2, 1547718200, 2, "/index.html", 20),
      PageView(3, 1547719300, 3, "/index.html", 10),
      PageView(4, 1547720300, 1, "/goods.html", 100),
```

```
        PageView(5, 1547720600, 2, "/cart.html", 30)
    ))
    //以文本形式写入文件中
    val fileSink = StreamingFileSink
        .forRowFormat(new Path("./output"),
            new SimpleStringEncoder[String]("UTF-8"))
        .build()
    dataStream.map(_.toString).addSink( fileSink )
    //开始运行
    env.execute()
    }
}
```

运行程序并查看结果。可以看到，当前路径包含一个新的 output 文件夹，该文件夹包含新的文件夹，文件夹的命名形式为"年-月-日-小时"，这个文件夹就是按照时间进行分桶的结果。该文件夹有两个文本文件，用文本编辑器可以查看文件内容，如图 3-6 所示。

图 3-6 output 文件夹结构

第一个文件的内容如下：

```
PageView(2,1547718200,2,/index.html,20)
PageView(4,1547720300,1,/goods.html,100)
```

第二个文件的内容如下：

```
PageView(1,1547718100,1,/index.html,10)
PageView(3,1547719300,3,/index.html,10)
PageView(5,1547720600,2,/cart.html,30)
```

2. Flink 输出到 Redis

虽然 Flink 没有直接提供内置的 Redis 连接器，但是 Bahir 项目提供了辅助的功能，方便 Flink 进行连接，可以连接 Redis、Flume、Netty 等外部系统。若连接 Redis，可以使用 Flink-Redis 连接工具。

下面的案例实现了利用随机生成的传感器数据作为数据源，首先从传感器的数据中提取传感器 ID，并将其作为 Redis 的 Key，将传感器的温度作为 Redis 的 Value，然后将数据保存到 Redis 中。

具体实现过程如下。

（1）添加项目依赖 Bahir。

```
<dependency>
    <groupId>org.apache.bahir</groupId>
    <artifactId>flink-connector-redis_2.11</artifactId>
    <version>1.0</version>
</dependency>
```

（2）编写输出到 Redis 的示例代码。

Bahir 连接器提供了一个 RedisSink，它继承了抽象类 RichSinkFunction——已经实现的向 Redis 写入数据的 SinkFunction，它可以直接将传感器数据输出到 Redis。RedisSink 的构造方法需要传入两个参数。

● JFlinkJedisConfigBase：Redis 的连接配置。

● RedisMapper：Redis 映射类接口，将数据转换成可以写入 Redis 的类型。

接下来定义一个 Redis 的映射类，实现 RedisMapper 接口。保存到 Redis 时调用的命令是 HSET，保存为哈希表，表名为 sensor。

```
package chapter3

import org.apache.flink.streaming.api.scala._
import org.apache.flink.streaming.connectors.redis.RedisSink
import org.apache.flink.streaming.connectors.redis.common.config.FlinkJedisPoolConfig
import org.apache.flink.streaming.connectors.redis.common.mapper.{RedisCommand, RedisCommandDescription, RedisMapper}


object RedisSinkTest {
  def main(args: Array[String]): Unit = {
    //获取执行环境
    val env = StreamExecutionEnvironment.getExecutionEnvironment
    //设置并行度
    env.setParallelism(1)
    //自定义数据源
    val dataStream = env.addSource(new SensorSource(10))
    //创建一个Jedis连接的配置项
    val conf = new FlinkJedisPoolConfig.Builder()
      //Redis主机名
      .setHost("localhost")
      //Redis端口号
      .setPort(6379)
      .build()
    //添加Sink
    dataStream.addSink( new RedisSink[(String,Long,Double)](conf, new MyRedisMapper) )
    //开始运行
    env.execute()
```

```
    }

    /**
     * 定义 Redis 到 Mapper
     */
    class MyRedisMapper extends RedisMapper[(String,Long,Double)]{
        /**
         * 获取命令描述
         * @return
         */
        override def getCommandDescription: RedisCommandDescription = new RedisComman
dDescription(RedisCommand.SET, "sensor")

        /**
         * 从数据中获取 Key
         * @param in 传感器数据的三元组
         * @return Redis 的 Key
         */
        override def getKeyFromData(in: (String,Long,Double)): String = in._1

        /**
         * 从数据中获取 Value
         * @param in 传感器数据的三元组
         * @return Redis 的 Value
         */
        override def getValueFromData(in: (String,Long,Double)): String = in._3.toString
    }
}
```

启动 Redis 服务，如图 3-7 所示。

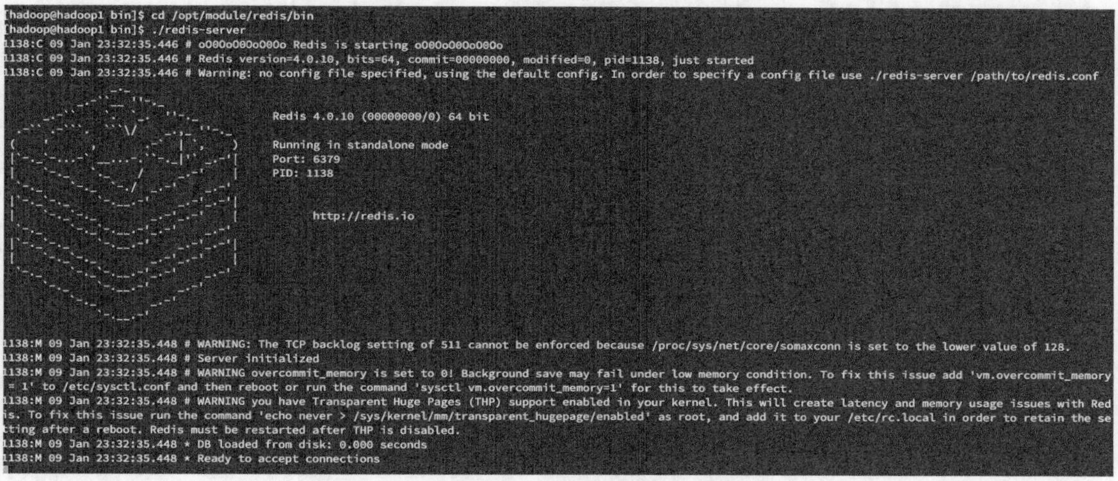

图 3-7 启动 Redis 服务的界面

（3）运行程序，在 Redis 客户端查看结果。可以看到，传感器数据已经存储到 Redis 中。

```
127.0.0.1:6379> keys sensor*
 1) "sensor_4"
 2) "sensor_9"
 3) "sensor_3"
 4) "sensor_1"
 5) "sensor_10"
 6) "sensor_2"
 7) "sensor_8"
 8) "sensor_7"
 9) "sensor_5"
10) "sensor_6"
127.0.0.1:6379> get sensor_1
"48.060179472410496"
```

3．Flink 自定义输出

前面内容介绍了 Flink 内置的连接器以及 Bahir 提供的连接器，如果在实际项目中没有可以直接使用的连接器，该如何处理呢？Flink 除了自定义数据源以外，也支持自定义的 Sink。只要实现 SinkFunction 和 RichSinkFunction 接口的方法就可以。相对于 SinkFunction，RichSinkFunction 提供了更多的控制方式。RichSinkFunction 主要提供了 3 个方法。

- open 方法：初始化方法。在调用算子的实际方法 invoke 之前，首先调用 open 方法，进行初始化操作。

- invoke 方法：实现将数据流保存到 MySQL 数据库中的逻辑。

- close 方法：生命周期调用的最后一个方法，一般用于一些清理工作。

下面的案例实现了将随机生成的每个传感器的最高温度存储到 MySQL 数据库中，也就是说，如果数据表中不存在与该传感器相关的数据，就执行 insert（插入）操作，否则执行 update（更新）数据表的操作，存储最新的温度。

在 MySQL 数据库中创建数据库 flink_project 和数据表 sensor_data。其中，sensor_data 设计 2 个字段，存储传感器的 ID 和传感器的最新温度，如表 3-2 所示。

表 3-2　sensor_data 表设计

字段名称	数据类型	说明
id	varchar（16）	传感器唯一标识
temperature	double	最高温度

在 Maven 中添加与 MySQL 数据库相关的依赖。

```
<dependency>
    <groupId>mysql</groupId>
```

```
      <artifactId>mysql-connector-java</artifactId>
      <version>8.0.30</version>
   </dependency>
```

编写自定义的 Sink，将传感器数据存储到 MySQL 数据库中。读者在连接数据库时，一定要注意修改用户名和密码，以便能够正确连接数据库。在 invoke 方法中实现主要的逻辑。如果数据表中不存在传感器的数据，就执行插入操作，否则执行更新操作，保存最新的传感器温度数据。

```
package chapter3

import java.sql.{Connection, DriverManager, PreparedStatement}

import org.apache.flink.configuration.Configuration
import org.apache.flink.streaming.api.functions.sink.{RichSinkFunction, SinkFunction}
import org.apache.flink.streaming.api.scala._

object JdbcSink {
  def main(args: Array[String]): Unit = {
    //获取运行环境
    val env = StreamExecutionEnvironment.getExecutionEnvironment
    //设置并行度
    env.setParallelism(1)
    //数据随机生成
    val inputStream = env.addSource(new SensorSource(10))
    //三元组转换为二元组（Sting,Double），即（传感器 ID，温度）
    val dataStream: DataStream[(String, Double)] = inputStream
      .map(sensorReading => (
        sensorReading._1, sensorReading._3
      ))
      //根据传感器 ID 分组
      .keyBy(_._1)
      //每个传感器的最高温度
      .reduce((curSensorReading, newSensorReading) => (curSensorReading._1, curSensor
Reading._2.max(newSensorReading._2)))
    //添加到 Sink
    dataStream.addSink(new JdbcSink())
    //开始运行
    env.execute()
  }
  /**
   * 自定义的 Sink 继承自 RichSinkFunction
   * 实现将结果数据输出到 MySQL 数据库中
```

```scala
 */
class JdbcSink() extends RichSinkFunction[(String, Double)] {
    //定义与 JDBC 连接相关的信息
    var conn: Connection = _
    var insertStmt: PreparedStatement = _
    var updateStmt: PreparedStatement = _
    val url = "jdbc:mysql://localhost:3306/flink_project" //JDBC 连接
    val user = "root" //数据库用户名
    val password = "root123456" //数据库密码
    val insertSql = "insert into sensor_data (id,temperature) values (?,?)" //插入 SQL
    val updateSql = "update sensor_data set temperature = ? where id = ?" //更新 SQL

    //初始化
    override def open(parameters: Configuration): Unit = {
        //获取 JDBC 连接
        conn = DriverManager.getConnection(url, user, password)
        insertStmt = conn.prepareStatement(insertSql)
        updateStmt = conn.prepareStatement(updateSql)
    }
    //调用
    override def invoke(value: (String, Double), context: SinkFunction.Context[_]): Unit = {
        //执行更新操作
        updateStmt.setDouble(1, value._2)
        updateStmt.setString(2, value._1)
        updateStmt.execute()
        //如果没有更新数据，那么执行插入操作
        if (updateStmt.getUpdateCount == 0) {
            insertStmt.setString(1, value._1)
            insertStmt.setDouble(2, value._2)
            insertStmt.execute()
        }
    }

    //关闭操作
    override def close(): Unit = {
        insertStmt.close()
        updateStmt.close()
        conn.close()
    }
}
```

运行程序并在数据库客户端工具中运行 SQL，查询结果如图 3-8 所示。

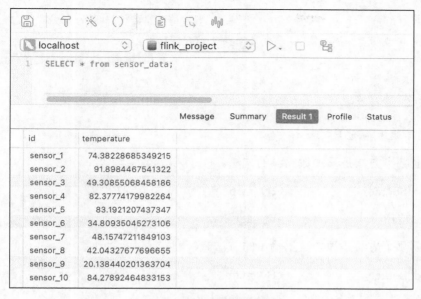

图 3-8　查询数据库表数据

项目小结

本项目通过 4 个任务讲解了 Flink 流式 API 编程的主要步骤。

- 获取执行环境：执行环境可以是批量处理环境，也可以是流式处理环境。

- 从数据源读取数据：数据源可以来自文件、网络数据流、消息中间件和自定义数据源等。与数据源相关的案例主要包括集合数据源、文本文件数据源、网络（Socket）数据源和自定义数据源。

- 对数据进行转换：可以通过 Flink 提供的转换算子对数据流进行转换。转换算子主要包括 filter、map、flatMap、keyBy、reduce 和自定义富函数类等。

- 输出处理结果：Flink 对数据进行处理后的输出结果存储的位置主要包括文件系统、关系数据库 MySQL 和非关系数据库 Redis 等。

项目拓展

除了本项目已经讲解的案例以外，自学 Bahir 项目提供的其他功能，并编写案例程序进行练习。

重要提示：可以在 Bahir 官方网站查阅相关资料。

思考与练习

理论题

一、选择题（单选）

1．下面哪个方法是添加数据源的方法。（　　　）

（A）addSource　　　　　　　　（B）map

（C）flatMap　　　　　　　　　（D）addSink

2．下面哪个方法是添加数据输出的方法。（　　　）

（A）addSource　　　　　　　　（B）map

（C）flatMap　　　　　　　　　（D）addSink

3．将包含二维数组的数据转换为一维数组的数据，可以使用的算子是。（　　　）

（A）filter　　　　　　　　　　（B）map

（C）flatMap　　　　　　　　　（D）reduce

4．使用三元组（传感器 ID，时间戳，传感器温度）表示传感器数据，数据中包含过高的温度，现希望从数据流中过滤过高温度的数据，可以使用的算子是。（　　　）

（A）filter　　　　　　　　　　（B）map

（C）flatMap　　　　　　　　　（D）reduce

二、简答题

1．简述 Flink 流式处理的一般流程。

2．简述 Flink 中获取执行环境的方法以及各方法之间的主要区别。

3．简述 Flink 常用的数据源。

4．简述 Flink 常用的转换操作。

5．简述 Flink 转换算子 map 和 flatMap 的区别，请举例说明。

实训题

结合本项目所学内容，练习创建 Flink 常用数据源、转换操作及输出结果的方法。

项目 4

Flink 时间和窗口 API 应用

 **项目导读**

在前几个项目中我们学习了 Flink 流式 API 的基本使用和处理流式数据的流程，案例的应用场景相对比较简单，而在企业级的项目中，我们可能会遇到更复杂的应用场景。在分布式流式应用系统中，数据流是无界的，对流式数据进行分析需要考虑如何将无界数据流转换为有界数据流。Flink 通过引入"窗口"概念将无界数据流按照事件数量或者时间范围进行划分，转换为有界数据流。由于网络的原因，到达服务器的事件可能是乱序的。对乱序的事件进行分析，首先需要确定窗口内的事件是否包含"迟到"事件，以及对于"迟到"事件如何进行处理。基于以上问题，本项目将深入讨论与窗口、时间语义、水位线等相关的知识及应用场景。

思政目标

● 培养学生求真务实、开拓进取的精神。

● 培养学生的批判性思维和创新意识。

教学目标

● 理解 Flink 的时间语义。

● 掌握窗口类型的应用。

● 掌握水位线的原理及应用。

● 掌握基于窗口、水位线、迟到数据处理等知识的综合应用。

任务 1 Flink 时间语义和水位线

【任务描述】

本任务主要介绍 Flink 时间语义和水位线的应用。通过本任务的学习和实践，读者可以理解 Flink 时间语义和水位线的原理，掌握 Flink 时间语义和水位线的使用方法。

【知识链接】

1. 时间语义

数据流本身是无界的，在进行流式数据分析时，往往需要把无界数据流转换为有界数据流。数据流就像水流一样，在生活中，打开水龙头，水就源源不断地流出来。如果对水流进行分析，那么需要设定一个约束条件，否则无法分析。这个约束条件一般指的是时间或者流量，例如可以计算 5min 内水流量或者说流出 $1m^3$ 的水所需要的时间。为了方便对水流进行计算，就要增加约束条件。

在数据流的计算中，为了将无界数据流转换为有界数据流，Flink 提出了"窗口"的概念。所谓"窗口"就是一个时间范围，对"窗口"内的数据进行计算，就是对一定时间内的数据进行计算。

设想这样一个应用场景，用户登录网站并在网站上单击自己感兴趣的链接。用户的每一次单击行为都会形成一个单击事件，这些事件会源源不断地发到服务器，这个应用场景下形成的数据流就是常说的单击流，现在希望对单击流进行实时计算。由于单击流本身是没有界限的，因此，为了计算单击流就需要应用"窗口"来划分，将流式数据按照时间进行划分，根据时间划分成不同的"窗口"，如最基本的需求是按照每小时计算单击流。

在理解"窗口"的概念以后，再来讨论一下时间语义。用户在网站上单击链接时会产生单击事件，单击事件到达服务器一般会有一定的网络延迟，具体的延迟时间和网络环境有关系，也就是说，单击事件到达服务器的时间一般会晚于用户单击链接的真实时间。

由于在流式数据分析时可能出现两个不一致的时间，因此，在做"窗口"划分时，以不同时间为依据得到的结果可能是不一样的。假设两个用户同时单击网站链接，用户甲比用户乙单击的时间早 0.1s，但是用户甲的网络环境不如用户乙的网络环境好，由于网络延迟，用户甲的单击事件到达服务器的时间反而比用户乙的晚到 0.1s，那么是按照用户的单击事件的时间进行计算还是按照用户的单击事件到达服务器的时间进行计算，就是需要考虑的问题。

　　有的读者可能会认为这两个时间相差不大，按照哪个时间计算影响都不大。网站单击流计算可能是这样的，但是在另外一些对时间要求严格的应用场景中，就需要确定使用哪个时间进行计算，如在电商系统的商品秒杀的应用场景中，在商品非常有限的情况下，如何确定哪个用户抢到了稀缺的商品，相差 0.1s 的时间就决定了能否抢到商品，两个不同的时间的应用会得到不同的结果。

　　通过以上分析可以知道，在实时的流处理应用中，应用时间的标准是非常重要的，如果没有正确定义时间标准，将直接影响数据分析结果。Flink 支持两种时间的设置——处理时间和事件时间。

- 处理时间（Processing Time）：执行处理操作的服务器的系统时间。在这种时间语义下处理窗口非常简单，不需要各台服务器节点之间协调同步，也不需要考虑数据在流中的位置。处理时间是最简单的时间语义。

- 事件时间（Event Time）：每个事件在对应的设备上发生的时间，也就是数据生成的时间。数据事件一旦产生，这个时间就确定了。事件时间作为事件的一个必需属性添加到数据中，表现形式是数据记录的"时间戳"。在事件时间语义下，对于时间的衡量就不再使用服务器的系统时间了，而是依赖于数据本身。由于分布式系统中网络传输延迟的不确定性，实际应用中要处理的数据流往往是乱序的，在这种情况下，就不能简单地把数据自带的时间戳当作时钟，而需要用另外的标志来表示事件时间进展，在 Flink 中将其称为"水位线"（Watermark）。

2.　水位线原理

　　在事件时间语义下，不再依赖服务器的系统时间，而是基于数据自带的时间戳去定义时钟。每个并行子任务都会有一个属于自己的逻辑时钟，以推进事件的进展。可以把时钟也以数据的形式传递出去，告诉下游任务当前事件的进展。一种想法是，在数据流中加入一个时钟标记，记录当前的事件时间，这个标记可以直接广播到下游，当下游任务收到这个时钟标记，就可以更新自己的时钟，这种用来衡量事件时间进展的标记称作"水位线"。

　　在具体实现方面，水位线可以看作一条特殊的数据记录，它是插入数据流中的，水位线必须包含时间戳，用来指示当前的事件时间，在某个事件到来之后，可以从这个数据中提取时间戳，以此作为当前水位线的时间戳。

　　水位线是为了解决到达服务器事件的乱序问题，接下来解释一下数据乱序的处理方式。如图 4-1 所示，到达服务器的事件的时间戳分别是 1、5、3、6、8、7。读者可能会比较奇怪，为什么时间戳为 3 的事件要晚于时间戳为 5 的事件到达服务器，这就是所说的乱序事件，虽然时间戳为 3 的事件发生得更早，但是由于网络延迟的原因，这个事件到达服务器的时间晚于时间戳为 5 的事件。

图 4-1 到达服务器的事件的时间戳

设想这样一种场景，我们设定的时间窗口大小为 5，那么如果按照事件时间进行窗口划分，在收到时间戳为 5 的事件以后会关闭窗口进行计算。由于窗口已经关闭，时间戳为 3 的事件就不会包含在这个窗口内进行计算，因此准确率将降低。

那么有没有好一点的解决方法呢？延迟计算可能是一种比较好的方法。也就是说，在收到时间戳为 5 的事件以后，暂时先不关闭窗口，继续等待一段时间，希望能够等到由于网络延迟而晚到的事件，然后进行计算。关闭窗口的时间不是以收到时间戳为 5 的事件为截止时间，而是以另一个时间指示标志作为依据，这个时间的指示标记就是"水位线"。

水位线可以理解为由 Flink 发出的包含时间戳的特殊事件，在收到水位线为 5 的事件后再关闭窗口并进行计算，水位线的发出晚于真实的时间，也就是说在时间戳为 5 的事件发出以后再发出水位线为 5 的事件，需要延迟一定的时间。

水位线事件需要延迟发出，那么延迟多长时间合适呢？如果延迟的时间比较长，计算相对会准确一些，因为等来了更多延迟的事件，但是就实时计算而言，这个计算结果也会有一定的延迟。如果延迟的时间比较短，可能会有一部分延迟的事件没有包含在这个窗口内，计算的准确率会有一定的误差，所以需要在实时性和准确性方面进行权衡。通过以上学习，可以总结出水位线的主要特性如下。

- 水位线是插入数据流中的一个记录，可以认为其是一个特殊的数据。

- 水位线主要的内容是一个时间戳，用来表示当前事件时间的进展。

- 水位线是基于数据的事件时间戳生成的。

- 水位线的时间戳必须单调递增，以确保任务的事件时间时钟一直向前推进。

- 水位线可以通过设置延迟来保证正确处理乱序数据。

- 如果希望计算结果更加准确，可以将水位线的延迟设置得更高，反之，如果希望计算实时性更好，则需要将水位线的延迟设置得更低。

【任务实施】

1. 周期性水位线

下面的案例实现了周期性生成水位线。主要实现过程如下。

（1）数据源使用传感器数据，数据格式为三元组（传感器 ID，时间戳，传感器温度）。

（2）编写 PeriodicAssigner 类，这个类实现了 AssignerWithPeriodicWatermarks 接口。这

个接口定义水位线的实现方式，包含两个方法。

- getCurrentWatermark 方法：生成水位线。水位线的时间戳是递增的。在这个方法中，要获取所有事件时间中最大的时间戳，由于水位线的时间戳小于最大的事件时间，因此具体的时间间隔由用户来指定。

- extractTimestamp 方法：提取事件时间。将从传感器数据（传感器 ID，时间戳，传感器温度）中提取的第 2 个属性时间戳作为事件时间。该方法需要计算传感器事件的最大时间，因为水位线的时间戳是递增的，而传感器事件可能是乱序的，所以最新到来的传感器事件的时间戳不一定是最新的时间。在保存最大时间戳后，当有新的事件到来，可以使用新的事件的时间戳和最大时间戳进行比较，最终保留两者中最大的时间戳。

```scala
package chapter4

import org.apache.flink.streaming.api.TimeCharacteristic
import org.apache.flink.streaming.api.functions.AssignerWithPeriodicWatermarks
import org.apache.flink.streaming.api.scala.{DataStream, StreamExecutionEnvironment}
import org.apache.flink.streaming.api.watermark.Watermark
import org.apache.flink.streaming.api.scala._

object WatermarkTest1 {

  def main(args: Array[String]) {
    //获取执行环境
    val env = StreamExecutionEnvironment.getExecutionEnvironment
    env.setParallelism(1)
    //生成 watermark 的时间间隔
    env.getConfig.setAutoWatermarkInterval(10 * 1000)
    //时间语义：事件时间
    env.setStreamTimeCharacteristic(TimeCharacteristic.EventTime)
    //数据源
    val dataStream = env.fromElements(
      ("sensor_1", 1673711312000L, 10.0),
      ("sensor_1", 1673711311000L, 20.0),
      ("sensor_1", 1673711309000L, 30.0),
      ("sensor_1", 1673711328000L, 40.0),
      ("sensor_1", 1673711329000L, 30.0),
      ("sensor_1", 1673711322000L, 40.0)
    )

    val dataStream2 = dataStream
      .assignTimestampsAndWatermarks(new PeriodicAssigner)
    //输出
```

```scala
    //dataStream2.print()
    //开始执行
    env.execute()
  }


  /**
   * 周期性生成水位线
   */
  class PeriodicAssigner extends AssignerWithPeriodicWatermarks[(String, Long, Double)] {
    //秒
    val bound: Long = 10 * 1000
    //最大时间戳，默认为最小值
    var maxTs: Long = Long.MinValue


    /**
     * 水位线，当前时间戳-bound
     *
     * @return
     */
    override def getCurrentWatermark: Watermark = {
      println("maxTs:" + maxTs + "  watermark:" + (maxTs - bound))
      new Watermark(maxTs - bound)
    }


    /**
     * 提取时间戳
     *
     * @param sensor 传感器数据的三元组
     * @param previousTimestamp
     * @return
     */
    override def extractTimestamp(sensor: (String, Long, Double), previousTimestamp:
Long): Long = {
      val beforeUpdateMaxTs = maxTs
      //更新最大时间戳
      maxTs = maxTs.max(sensor._2)
      println("sensorTimestamp:" + sensor._2 + "  maxTimestamp:" + beforeUpdateMaxTs +
" updatedTimestamp:" + maxTs)
      //返回当前时间戳
      sensor._2
    }
  }
}
```

（3）运行程序并查看结果。计算最大时间戳是为了计算水位线，水位线的时间戳是小于事件最大时间戳的。

```
sensorTimestamp:1673711312000  maxTimestamp:-9223372036854775808 updatedTimestamp:1673711312000
sensorTimestamp:1673711311000  maxTimestamp:1673711312000 updatedTimestamp:1673711312000
sensorTimestamp:1673711309000  maxTimestamp:1673711312000 updatedTimestamp:1673711312000
sensorTimestamp:1673711328000  maxTimestamp:1673711312000 updatedTimestamp:1673711328000
sensorTimestamp:1673711329000  maxTimestamp:1673711328000 updatedTimestamp:1673711329000
sensorTimestamp:1673711322000  maxTimestamp:1673711329000 updatedTimestamp:1673711329000
maxTs:1673711329000  watermark:1673711319000
```

程序输出结果中最大时间戳为 1673711329000，水位线的值是最大时间戳减去 10s 的时间，即 1673711319000。当最大时间戳为 1673711329000 的传感器事件到来时，发出时间戳为 1673711319000 的水位线，此时只计算该水位线时间戳之前的事件，即以下 3 个传感器事件：

```
("sensor_1", 1673711312000L, 10.0)
("sensor_1", 1673711311000L, 20.0)
("sensor_1", 1673711309000L, 30.0)
```

2．自定义水位线

设想这样一种场景，不同的传感器具备不同的性能，性能好的传感器基本上不会出现乱序事件，或者说，即使偶尔出现了乱序事件，也不影响最终的计算结果，可以作为误差忽略。也就是说，可以只向特定的传感器发出水位线，其他的传感器不需要发出水位线。如果有这样的需求，在 Flink 程序中如何控制呢？

Flink 提供了 AssignerWithPunctuatedWatermarks 接口，这个接口实现对水位线更灵活的控制。这个接口提供如下两个方法。

- checkAndGetNextWatermark 方法：生成并发出水位线。如果不发出水位线，则返回 null。

- extractTimestamp 方法：提取事件时间。

下面的案例实现了只向第 1 个传感器发出水位线的功能，代码比较简单，只需要针对传感器 ID 做出判断就可以实现。如果传感器数据来自第 1 个传感器，那么发出水位线，否则返回 null。

```
package chapter4

import org.apache.flink.streaming.api.TimeCharacteristic
import org.apache.flink.streaming.api.functions.AssignerWithPunctuatedWatermarks
import org.apache.flink.streaming.api.scala.{DataStream, StreamExecutionEnvironment}
import org.apache.flink.streaming.api.watermark.Watermark
```

```scala
import org.apache.flink.streaming.api.scala._

object WatermarkTest2 {

  def main(args: Array[String]) {

    //获取执行环境
    val env = StreamExecutionEnvironment.getExecutionEnvironment
    //设置并行度
    env.setParallelism(1)
    //时间语义：事件时间
    env.setStreamTimeCharacteristic(TimeCharacteristic.EventTime)
    //数据源
    val dataStream = env.fromElements(
      ("sensor_1", 1673711312000L, 10.0),
      ("sensor_1", 1673711311000L, 20.0),
      ("sensor_1", 1673711329000L, 30.0),
      ("sensor_1", 1673711322000L, 40.0),
      ("sensor_2", 1673711328000L, 20.0),
      ("sensor_3", 1673711319000L, 30.0),
      ("sensor_2", 1673711322000L, 40.0)
    )
    //分配时间戳和水位线
    dataStream
      .assignTimestampsAndWatermarks(new PunctuatedAssigner)
    //开始执行
    env.execute()
  }

  /**
   * 自定义水位线
   */
  class PunctuatedAssigner extends AssignerWithPunctuatedWatermarks[(String, Long,
Double)] {

    //分钟转换为毫秒
    val bound: Long = 60 * 1000

    //检查并获取下一个水位线
    override def checkAndGetNextWatermark(r: (String, Long, Double), extractedTS:
Long): Watermark = {
      if (r._1 == "sensor_1") {
        //只向 sensor_1 发出水位线
        println("send to sensor"+r+" watermark timestamp:"+(extractedTS - bound))
        new Watermark(extractedTS - bound)
```

```
    } else {
        //其他不发出水位线
        null
    }
}
//提取时间戳
override def extractTimestamp(r: (String, Long, Double), previousTS: Long): Long = {
    //提取时间戳
    r._2
}
}
}
```

运行程序并查看结果。可以看到，在控制台的输出中，只向传感器为1的数据发出了水位线，不会向其他传感器发出水位线。

```
send to sensor(sensor_1,1673711312000,10.0) watermark timestamp:1673711302000
send to sensor(sensor_1,1673711311000,20.0) watermark timestamp:1673711301000
send to sensor(sensor_1,1673711329000,30.0) watermark timestamp:1673711319000
send to sensor(sensor_1,1673711322000,40.0) watermark timestamp:1673711312000
```

任务2　Flink 窗口操作

【任务描述】

本任务主要介绍 Flink 窗口操作的应用。通过本任务的学习和实践，读者可以理解 Flink 窗口的概念及原理，掌握 Flink 窗口的使用方法。

【知识链接】

1. 窗口的概念

对无界数据流进行分析的前提是将无界数据流转换为有界数据流。常用的转换方式有两种：一是计数窗口，按照事件的数量进行划分，即将固定数量的事件划分为一个窗口；二是时间窗口，按照时间进行划分，将固定时间内的事件划分为一个窗口。

● 计数窗口：基于事件的个数来计算的窗口，到达指定数量的事件时会触发计算并关闭窗口。每个窗口包含事件的个数就是窗口的大小。

● 时间窗口：因为以时间点来定义窗口的开始和结束，所以窗口表示某一时间段的数据，到达结束时间时，窗口不再收集数据，触发计算，输出结果，并关闭窗口。用结束时间减去开始时间就可以得到时间的长度，即窗口的大小。因为这里的时间可以是不同的语义，所以可以定义处理时间窗口和事件时间窗口。

在实际应用时，需要定义更加精细的规则来控制数据应该划分到哪个窗口中。根据分配数据的规则，窗口的具体实现可以分为滚动窗口、滑动窗口、会话窗口和全局窗口 4 类。

2. 滚动窗口

滚动窗口是最简单的窗口形式，滚动窗口可以基于事件数量进行定义，如图 4-2 所示；也可以基于时间定义，如图 4-3 所示。滚动窗口需要的参数只有一个，就是窗口的大小，比如，可以定义一个长度为 1min 的滚动时间窗口，那么每分钟就会进行一次统计，或者定义一个长度为 1000 的滚动计数窗口，每 1000 个事件进行一次统计。

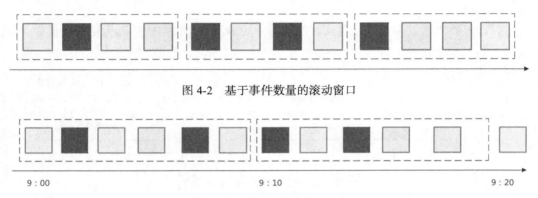

图 4-2　基于事件数量的滚动窗口

9：00　　　　　　　　　　　　　　　　9：10　　　　　　　　　　　　　　　　9：20

图 4-3　基于时间的滚动窗口

无论是基于事件数量还是基于时间的滚动窗口，主要特点都是窗口的大小和滑动的距离是相等的，窗口内包含的数据互不重复。

3. 滑动窗口

流式处理的应用可能还会有这样的需求：每隔 1h 统计前 3h 的订单金额，每隔 10min 统计前 1h 的用户访问量。这些需求使用滚动窗口是没有办法实现的，因为滚动窗口的大小和滑动的距离是相等的，使用滑动窗口，可以解决这些问题。滑动窗口与滚动窗口类似，滑动窗口的大小也是固定的，区别在于窗口之间并不是首尾相连的，窗口的滑动距离不一定等于窗口的大小，如图 4-4 所示。定义滑动窗口的参数有两个：一是窗口大小；二是滑动距离，它代表了窗口计算的频率。同样，和滚动窗口一样，滑动窗口可以基于时间定义，也可以基于事件数量定义。

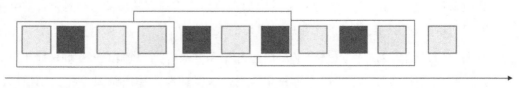

图 4-4　基于事件数量的滑动窗口

4. 会话窗口

首先要理解什么是会话（Session）。在访问网站时，读者可能会有这样的体会，在登录到一个网站以后，单击网站内的链接，都可以正常浏览，但是如果长时间没有操作，比如一天以后再去单击这个网站内的链接，可能会提示重新登录，这种登录会话超时机制保证了一定的安全性。会话窗口和网站的登录安全性没有关系，这里的会话借用会话超时失效的机制来描述窗口。

会话窗口是基于会话来对数据进行分组的。会话窗口只能基于时间来定义，不能基于事件数量的方式来定义，如图 4-5 所示。对会话窗口而言，最重要的参数就是会话超时时间的长度，也就是两个会话窗口之间的最小距离。如果相邻两个数据到来的时间间隔小于指定的大小，那说明还在保持会话，它们就属于同一个窗口；如果时间间隔大于指定的大小，那么新来的数据应该属于新的会话窗口，而前一个窗口应该关闭。在具体实现上，可以设置静态固定的大小，也可以通过一个自定义的提取器动态提取最小间隔的值。

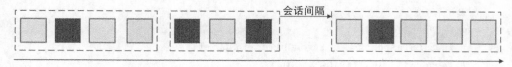

图 4-5 会话窗口

5. 全局窗口

除了以上介绍的窗口类型以外，还有一类比较通用的窗口，称为"全局窗口"。这种窗口在全局内有效，它会把所有相同 Key 的数据都分配到同一个窗口中。全局窗口不会基于事件数量和时间进行窗口划分，也就是说其实并没有将无界数据流转换为有界数据流。数据流是源源不断产生的，只要数据流不终止，全局窗口永远不会结束，此时默认不会触发计算。如果希望全局窗口能够对数据进行计算，还需要通过定义触发器来实现。

接下来介绍一下滚动窗口和滑动窗口的具体应用。

【任务实施】

1. 滚动窗口应用

下面的案例实现了按照传感器事件的数量来划分滚动窗口。窗口的大小设置为 3。这样每个窗口滑动的距离大小也是 3，每个窗口包含的事件没有重叠。通过窗口划分，将无界数据流转换为有界数据流，以计算每个窗口包含的传感器的最高温度。主要实现过程如下。

（1）构造传感器测试的数据。传感器数据的表示形式为三元组（传感器 ID，时间戳，传感器温度）。

（2）由于本案例按照事件数量来划分窗口，没有使用传感器的时间戳，因此可以先将传感器数据进行简化，即将三元组中的数据表示形式转换为二元组的形式，去掉时间戳。表示形式为二元组（传感器 ID，传感器温度）。

（3）使用 keyBy 算子对传感器进行分组，调用 countWindow 方法。传入参数表示滚动窗口的大小。对于每个窗口的传感器温度，调用 max 方法获得最大数值。

```scala
package chapter4

import org.apache.flink.streaming.api.scala._

object WindowTest1 {

  def main(args: Array[String]): Unit = {
    //获取执行环境
    val env = StreamExecutionEnvironment.getExecutionEnvironment
    //设置并行度
    env.setParallelism(1)
    val inputDataStream= env.fromCollection(List(
      ("sensor_1", 1547718199, 1.0),
      ("sensor_1", 1547718201, 2.0),
      ("sensor_1", 1547718202, 3.0),
      ("sensor_1", 1547718199, 4.0),
      ("sensor_1", 1547718201, 5.0),
      ("sensor_1", 1547718202, 6.0)
    ))
    //行转换为（传感器 ID，传感器温度）
    val dataStream = inputDataStream
      .map(data => {
          (data._1, data._3)
      })
    //根据传感器 ID 分组
    val dataStream2 = dataStream.keyBy(_._1)
      //滚动窗口
      .countWindow(3)
      //按照温度汇总
      .max(1)
    //输出流
    dataStream2.print()
    //开始执行
    env.execute()
  }
}
```

（4）运行程序并查看结果。可以看到，控制台输出了如下两条数据：

```
(sensor_1,3.0)
(sensor_1,6.0)
```

下面对输出结果进行分析。

- 首先考虑输入的前 3 条数据。由于它们都属于第 1 个传感器，因此划分在同一个窗口。这个窗口的传感器的最高温度数据是 3.0。
- 窗口继续滑动，滑动距离为 3，也就是计算第 4 条～第 6 条数据，将它们划分在同一个窗口。这个窗口的传感器的最高温度数据是 6.0。

这样，最终输出的结果和以上分析是一致的。

在本案例中，所有传感器都是第 1 个传感器，如果还包含第 2 个传感器的数据，假设传感器的数据如下所示，输出的结果会是什么呢？

```
("sensor_1", 1547718199, 1.0)
("sensor_1", 1547718201, 2.0)
("sensor_2", 1547718202, 3.0)
("sensor_1", 1547718199, 4.0)
("sensor_1", 1547718201, 5.0)
("sensor_1", 1547718202, 6.0)
```

有的读者可能会这样分析：根据窗口的划分，前 3 条数据划分在一个窗口的最高温度数据是第 2 个传感器的 3.0，窗口继续滑动，滑动到后 3 条数据，最高温度是最后 1 条，即第 1 个传感器的数据 6.0，所以最终的输出如下：

```
("sensor_2", 3.0)
("sensor_1", 6.0)
```

实际上，这样的分析是错误的，因为忽略了 keyBy 算子的作用。正确的分析方式是：6 条数据按照传感器的 ID 进行分组可以划分成 2 组：传感器 ID 为 1 的数据划分为第一组，传感器 ID 为 2 的数据划分为第二组。

第一组数据如下：

```
("sensor_1", 1547718199, 1.0)
("sensor_1", 1547718201, 2.0)
("sensor_1", 1547718199, 4.0)
("sensor_1", 1547718201, 5.0)
("sensor_1", 1547718202, 6.0)
```

第二组数据如下：

```
("sensor_2", 1547718202, 3.0),
```

窗口首先将第 1 个传感器的数据划分为一组，一共 5 条数据，这个窗口的第 3 条数据的最高温度数据为 4.0，窗口继续滑动，滑动距离为 3，因为第 1 个传感器还剩下 2 条数据，不满足窗口的大小，所以不再进行计算。

对于第 2 个传感器，因为只有 1 条数据，也不满足窗口的大小，所以不做任何计算。通过分析，最终的输出结果如下：

```
(sensor_1,4.0)
```

2. 滑动窗口应用

下面的案例实现了按照传感器事件的数量来划分滑动窗口，窗口的大小设置为 4。每个窗口滑动的距离是 2，每个窗口包含的事件会有重叠。计算每个窗口包含的传感器的最高温度数据。主要实现过程如下。

- 构造传感器测试的数据。传感器数据的表示形式为三元组（传感器 ID，时间戳，传感器温度）。

- 和滚动窗口应用一样，本案例按照事件数量来划分窗口，由于没有使用传感器的时间戳，因此可以先将传感器数据进行简化，即将三元组中的数据表示形式转换为二元组的形式，去掉时间戳。表示形式为二元组（传感器 ID，传感器温度）。

- 使用 keyBy 算子对传感器进行分组，调用 countWindow 方法。传入的两个参数分别表示滑动窗口的大小和滑动距离。对于每个窗口的传感器温度，调用 reduce 方法通过增量聚合的方式获得最高温度。

```
package chapter4

import org.apache.flink.streaming.api.scala._

object WindowTest2 {
  def main(args: Array[String]): Unit = {
    //获取执行环境
    val env = StreamExecutionEnvironment.getExecutionEnvironment
    //设置并行度
    env.setParallelism(1)

    val inputDataStream= env.fromCollection(List(
      ("sensor_1", 1547718199, 1.0),
      ("sensor_1", 1547718201, 2.0),
      ("sensor_1", 1547718202, 3.0),
      ("sensor_1", 1547718199, 4.0),
      ("sensor_1", 1547718201, 5.0),
      ("sensor_1", 1547718202, 6.0),
      ("sensor_2", 1547718199, 1.0),
```

```
        ("sensor_2", 1547718201, 2.0),
        ("sensor_2", 1547718202, 3.0),
        ("sensor_2", 1547718199, 4.0),
        ("sensor_2", 1547718201, 5.0)
    ))
    //行转换为（传感器 ID，传感器温度）
    val dataStream: DataStream[(String, Double)] = inputDataStream
      .map(data => {
          (data._1, data._3)
      })
    //根据传感器 ID 分组
    val dataStream2: DataStream[(String, Double)] = dataStream.keyBy(_._1)
      //滑动窗口
        .countWindow(4,2)
      //增量聚合
      .reduce((sensor, newSensor) =>{
          (sensor._1, sensor._2.max(newSensor._2))
      })
    //输出流
    dataStream2.print()
    //开始执行
    env.execute()
  }
}
```

运行程序并查看结果。控制台输出结果如下：

```
(sensor_1,2.0)
(sensor_1,4.0)
(sensor_1,6.0)
(sensor_2,2.0)
(sensor_2,4.0)
```

下面对输出结果进行分析。

- 将传感器数据的三元组转换为二元组，去掉时间戳，按照传感器 ID 进行分组。第 1
  个传感器包含 6 条数据，第 2 个传感器包含 5 条数据。

```
("sensor_1", 1.0)
("sensor_1", 2.0)
("sensor_1", 3.0)
("sensor_1", 4.0)
("sensor_1", 5.0)
("sensor_1", 6.0)
("sensor_2", 1.0)
("sensor_2", 2.0)
```

```
("sensor_2", 3.0)
("sensor_2", 4.0)
("sensor_2", 5.0)
```

- 分析第 1 个传感器的数据。第 1 个传感器的窗口大小为 4，滑动距离为 2，起始窗口的大小等于滑动距离的大小，即将前 2 条数据划分到同一个窗口。这个窗口的传感器的最高温度数据是 2.0。

- 窗口继续滑动，滑动距离为 2，将第 3 条和第 4 条数据划分到同一个窗口。这个窗口的传感器的最高温度数据是 4.0。

- 依此类推，窗口继续滑动，将第 5 条和第 6 条数据划分到同一个窗口。这个窗口的传感器的最高温度数据是 6.0。

- 对第 2 个传感器的数据做同样的分析。第 2 个传感器数据只有 5 条数据，由于最后的 1 个窗口只包含 1 条数据，不满足窗口的大小，因此不做任何计算。

任务 3　Flink 迟到数据处理

【任务描述】

本任务主要介绍 Flink 迟到数据处理的应用。通过本任务的学习和实践，读者可以理解数据迟到的场景，掌握 Flink 迟到数据处理的方法。

【知识链接】

1. 数据迟到的场景

本项目前面讨论了水位线的基本原理，之所以引入水位线，是因为延迟计算。在网站单击流分析的场景中，还可能存在另一种情况——事件可能迟到了。假设项目需求是统计每 5s 内的用户点击量，从上午 8:00 开始统计，用户甲在上午 8:00:00 单击网站链接形成了单击事件，由于网络延迟，这个单击事件在 8:00:06 到达服务器，此时 8:00:00 到 8:00:05 的统计窗口已经关闭，计算已经完成，这个迟到的事件该如何处理呢？

在生活中也有很多这样的例子，旅游大巴正常发车时间是 8:00，为了避免游客迟到，导游可能通知的发车时间要提前 10min，通知游客的正工发车时间是 7:50。可能在 7:50，50 位游客中还有 2 位没有到来，导游可以继续等待 10min 后再发车，8:00 时如果只来了 1 位游客，还有 1 位游客没有到来，也必须发车，这相当于导游在 8:00 发出了 7:50 的水位线，因为要关闭计算窗口。

　　但是读者可能会有疑问，实际的情况可能并非如此，假如 8:00 准备发车，导游接到最后迟到的那位游客的电话，这位游客再有 2min 就能赶到，希望能等他一下。导游有两个选择：一是不再等待，整点发车；二是等待游客到来。这两种选择没有绝对的对和错，整点发车是遵守规则，不让车内的游客继续等待，等待迟到的游客是从迟到游客的角度考虑，毕竟等待的时间也不长，车内的游客也可以理解。

　　在 Flink 中也有事件迟到的场景，虽然发出了水位线，在计算窗口即将关闭的情况下，可能还有部分迟到的事件，这些迟到的事件该如何处理呢？是继续等待一段时间再关闭计算窗口，还是立即关闭计算窗口？因为两种策略没有绝对的对和错，不同的应用场景可以应用不同的策略。Flink 提供了相关的 API，由用户进行设置。

　　如果设置了水位线，也允许事件迟到一段时间再关闭计算窗口，这样就可以保证所有的事件在窗口关闭之前都到达服务器吗？实际上在流式计算的应用场景下，由于网络环境的不确定性，不能保证所有的事件在窗口关闭之前都到达服务器，有的事件可能在窗口刚刚关闭不久就到达了，有的事件可能丢失，永远无法到达服务器。

　　2. 侧输出流

　　在前面提到的场景中，旅游大巴在 8:00 准备发车，此时导游能够等待的最长时间是 5min，但是有的游客迟到 10min，当他到达时，旅游大巴已经开走了，那么迟到的这个游客怎样处理呢？一般的导游不会置之不理，可能的解决方案是游客自行乘坐其他交通工具到达旅游点，或乘坐下个班次的旅游大巴。

　　在流式计算中，对于如何处理已经迟到的事件，是置之不理还是进行某种特殊处理，Flink 同样把决策权交给用户。Flink 通过"侧输出流"的方式将迟到的事件加入另外一个数据流中，由用户来决定如何处理这些事件。例如，传感器发出的事件可能属于异常事件。如某个传感器探测到过高的温度，而过高的温度是需要重点关注的，需要加入一个特殊的数据流中，这个数据流就是侧输出流。如果使用侧输出流，则需要自定义一个处理类，这个类继承自 ProcessFunction 类，用于实现 processElement 方法，并在 processElement 方法中对传感器中的每个事件进行判断，如果传感器的温度超过指定的阈值，则将数据输出到侧输出流中。

【任务实施】

　　1. Flink 侧输出流应用

　　对传感器的温度进行判断，将温度过高的数据输出到侧输出流。

```
package chapter4

import org.apache.flink.streaming.api.functions.ProcessFunction
```

```scala
import org.apache.flink.streaming.api.scala._
import org.apache.flink.util.Collector

object SideOutputTest {
  def main(args: Array[String]): Unit = {
    val env = StreamExecutionEnvironment.getExecutionEnvironment
    env.setParallelism(1)
    //数据源
    val dataStream = env.fromElements(
      ("sensor_1", 1673711312000L, 10.0),
      ("sensor_1", 1673711311000L, 20.0),
      ("sensor_1", 1673711329000L, 30.0),
      ("sensor_1", 1673711322000L, 99.0),
      ("sensor_2", 1673711328000L, 20.0),
      ("sensor_3", 1673711319000L, 97.0),
      ("sensor_2", 1673711322000L, 40.0)
    )
    //用 ProcessFunction 的侧输出流实现分流操作
    val normalTempStream: DataStream[(String,Long,Double)] = dataStream
      .process( new SplitTempProcessor(90.0) )
    //获取侧输出流, ID 为 high-temp 流
    val highTempStream = normalTempStream.getSideOutput( new OutputTag[(String,Long,
Double)]("high-temp") )
    //输出高温流
    highTempStream.print("high")
    //输出正常流
    normalTempStream.print("normal")
    //开始执行
    env.execute()
  }

  /**
   * 自定义 ProcessFunction，用于区分温度数据
   * @param threshold 温度的阈值
   */
  class SplitTempProcessor(threshold: Double) extends ProcessFunction[(String,Long,
Double), (String,Long,Double)]{
    override def processElement(value: (String,Long,Double), ctx: ProcessFunction
[(String,Long,Double), (String,Long,Double)]#Context, out: Collector[(String,Long,Double)]):
 Unit = {
      //判断当前数据的温度值，如果不超过阈值，则输出到主流；如果超过阈值，则输出到侧输出流
      if( value._3 <= threshold ){
        out.collect(value)
      } else {
        //侧输出流
```

```
              ctx.output(new OutputTag[(String,  Long,Double)]("high-temp"), (value._1,
value._2, value._3) )
        }
      }
    }
  }
```

运行程序并查看结果。可以看到，已经将数据流分成正常温度的数据流和高温数据流。

```
normal> (sensor_1,1673711312000,10.0)
normal> (sensor_1,1673711311000,20.0)
normal> (sensor_1,1673711329000,30.0)
high> (sensor_1,1673711322000,99.0)
normal> (sensor_2,1673711328000,20.0)
high> (sensor_3,1673711319000,97.0)
normal> (sensor_2,1673711322000,40.0)
```

2. 传感器数据实时处理

下面的案例结合本项目所有的知识点，使用传感器数据作为数据源，主要实现了以下功能。

- 使用基于事件时间的滑动窗口作为窗口的设置，使用 timeWindow 实现。

- 按照固定的延迟生成并发出水位线。

- 对于迟到的传感器事件，将其加入侧输出流中。

```scala
package chapter4

import chapter3.SensorSource
import org.apache.flink.streaming.api.TimeCharacteristic
import org.apache.flink.streaming.api.functions.timestamps.BoundedOutOfOrdernessTimestamp
Extractor
import org.apache.flink.streaming.api.scala._
import org.apache.flink.streaming.api.windowing.time.Time


object TimeAndWatermarkTest {
  def main(args: Array[String]): Unit = {
    //获取执行环境
    val env = StreamExecutionEnvironment.getExecutionEnvironment
    //设置水位线时间间隔
    env.getConfig.setAutoWatermarkInterval(1 * 1000)
    //设置并行度
    env.setParallelism(1)
    //设置时间语义、事件时间
    env.setStreamTimeCharacteristic(TimeCharacteristic.EventTime)
```

```scala
//随机数据源
val dataStream = env.addSource(new SensorSource(10))
    // watermark 延迟 5s
    .assignTimestampsAndWatermarks(
        //按照固定的延迟发出 watermark
        new BoundedOutOfOrdernessTimestampExtractor[(String,Long,Double)](Time.seconds(2)) {
            //提取时间戳，将秒转换为毫秒
            override def extractTimestamp(element: (String,Long,Double)): Long = element._2
        })

val resultStream: DataStream[(String,Long,Double)] = dataStream.keyBy("id")
    //时间滚动
    .timeWindow(Time.seconds(5), Time.seconds(5))
    //允许处理迟到的数据
    //对于 watermark 超过 end-of-window 之后，还允许有一段时间（以事件时间来衡量）来等待之前的数据
    .allowedLateness(Time.seconds(1))
    //迟到数据进入侧输出流
    .sideOutputLateData(new OutputTag[(String,Long,Double)]("late"))
    .reduce((sensor, newSensor) => {
        (sensor._1, sensor._2, sensor._3.max(newSensor._3))
    })
//侧输出流数据
val lateStream = resultStream.getSideOutput(new OutputTag[(String,Long,Double)]("late"))
//处理侧输出流
lateStream.print("late");
//输出结果
resultStream.print("result")
//开始执行
env.execute()
  }
}
```

项目小结

本项目通过 3 个任务讲解了时间语义和水位线、窗口操作、迟到数据处理等。本项目主要包括以下内容。

- Flink 对时间语义的定义主要包括两类时间——处理时间和事件时间。处理时间是指执行处理操作的服务器的系统时间。事件时间是指每个事件在对应的设备上发生的时间，也就是数据生成的时间。

- 水位线是为了解决到达服务器事件的乱序问题而设计的。具体实现上，水位线可以看作一条特殊的数据记录。水位线插入数据流中，且必须包含时间戳，用来指示当

前的事件时间；水位线插入数据流中，在某个事件到来之后，可以把从这个数据中提取的时间戳作为当前水位线的时间戳。

- Flink 窗口是为解决将无界数据流划分为有界数据流而设计的。常用的转换的方式有两种：一是计数窗口，按照事件的数量进行划分，即将固定数量的事件划分为一个窗口；二是时间窗口，按照时间进行划分，将固定时间内的事件划分为一个窗口。根据分配数据的规则，窗口的具体实现可以分为滚动窗口、滑动窗口、会话窗口和全局窗口 4 类。

- Flink 提供侧输出流的方式来解决事件迟到的问题，用于将迟到的事件加入另外一个数据流中，具体如何处理这些事件由用户来决定。

思考与练习

理论题

一、选择题（单选）

1．下面哪个方法可以实现基于时间窗口的计算。（　　　）

（A）countWindow

（B）timeWindow

（C）assignTimestampsAndWatermarks

（D）addSink

2．下面哪个方法可以实现基于事件窗口的计算。（　　　）

（A）countWindow

（B）timeWindow

（C）assignTimestampsAndWatermarks

（D）addSink

3．关于水位线，下列说法错误的是。（　　　）

（A）水位线是插入到数据流中的一个特殊数据

（B）水位线包含一个时间戳，用来表示当前事件时间的进展

（C）水位线是基于数据到达服务器的时间戳生成的

（D）水位线的时间戳必须单调递增

二、简答题

1．简述滚动窗口和滑动窗口的区别。

2．简述处理时间和事件时间，请举例说明它们的区别。

3．简述 Flink 中水位线的机制主要解决的问题。

4．简述侧输出流，以及侧输出流解决的主要问题。

实训题

1．练习 Flink 水位线的生成方法。

2．练习 Flink 窗口的基本使用方法，体会不同类型窗口的区别及应用场景。

3．练习侧输出流的使用方法。

项目 5

Flink 高级应用

前面几个项目已经介绍了 Flink 的流式 API 和时间与窗口 API 的使用方式, 通过学习这些内容, 相信读者已经掌握了流式处理系统的基本技能, 但是, 在企业级流式数据处理应用中, 实际需求会更加复杂。在前面的项目中, 处理的数据流以单数据流为主, 但在企业级应用中, 数据往往来源于多个数据流, 这就涉及如何将多数据流根据业务规则合并为单数据流再进行分析。数据流可能会存在异常数据, 在处理数据流时需要将异常数据拆分出来, 进行单独处理, 这就涉及分流操作。流式处理系统处理的是源源不断的数据流, 如果系统出现了故障, 就可能丢失计算的状态, 所以状态管理在流式处理系统中是非常重要的。当出现故障时, 需要通过故障恢复机制将其恢复到故障前的状态。本项目将讨论流式处理系统中高级的应用。

思政目标

- 培养学生勤奋好问、博采广览的精神。
- 培养学生勇敢正视困难、不怕吃苦的精神。

- 掌握多数据流合并为单数据流的方法。
- 掌握单数据流拆分为多数据流的方法。

- 掌握状态的基本原理。
- 掌握状态编程的基本方法。
- 掌握检查点、故障恢复设置等容错机制。

任务 1　Flink 多数据流处理

【任务描述】

本任务主要介绍数据流的分流和合并流操作。通过本任务的学习和实践，读者可以理解数据流分流及合并的原理，掌握将单数据流拆分为多数据流的方法，以及将多数据流合并为单数据流的方法。

【知识链接】

1.　分流操作

在流数据处理中我们经常会遇到分流的场景。所谓分流就是将单数据流根据不同的业务规则分为多数据流。分流一般可以通过以下两种方式实现。

- 过滤：使用 filter 算子对数据流进行分流，根据条件过滤不符合条件的数据，保留符合条件的数据，过滤后的数据生成新的 RDD。
- 侧输出流：根据不同的规则，将数据流分发到不同的侧输出流中。

2.　合并流操作

除了数据流分流操作以外，在实际的应用中还存在数据流合并的情况。合并数据流就是将多数据流合并到一起，生成新的单数据流。例如，实际的应用存在不止一个传感器，为了对数据进行聚合分析，需要将多个传感器的数据流汇总到一起，才可以进一步进行分析。合并流操作可以使用 union、join 及 coGroup 算子实现。

【任务实施】

1.　使用 filter 算子实现分流操作

下面的程序实现了将用户访问对象 PageView 数据流进行分流。数据流存在用户停留时间过短或过长的数据，可以根据实际需求过滤这些数据。使用 filter 算子判断用户访问对象 PageView 中访问时间的长短，以实现分流的目的。

```
val stream1=dataStream.filter(_.visitTime<=10)
        val stream2=dataStream.filter(_.visitTime>=100)
```

完整的程序代码如下。

```
package chapter5

import chapter3.PageView
import org.apache.flink.streaming.api.scala._
object SplitStreamTest1 {
  def main(args: Array[String]): Unit = {

    //创建运行环境
    val env = StreamExecutionEnvironment.getExecutionEnvironment
    env.setParallelism(1)
    //从集合数据源中读取数据
    val dataStream: DataStream[PageView] = env.fromCollection(List(
      PageView(1, 1547718100, 1, "/index.html", 10),
      PageView(2, 1547718200, 2, "/index.html", 20),
      PageView(3, 1547719300, 3, "/index.html", 8),
      PageView(4, 1547720300, 1, "/goods.html", 100),
      PageView(5, 1547720600, 2, "/cart.html", 30)
    ))
    //用户停留时间短的流
    val stream1=dataStream.filter(_.visitTime<=10)
    //用户停留时间长的流
    val stream2=dataStream.filter(_.visitTime>=100)
    //开始执行
    env.execute()
  }
}
```

运行程序并查看结果。可以看到，输出结果已经过滤了用户访问时间过长和过短的访问记录。

```
stream1> PageView(1,1547718100,1,/index.html,10)
stream1> PageView(3,1547719300,3,/index.html,8)
stream2> PageView(4,1547720300,1,/goods.html,100)
```

2. 使用侧输出流实现分流操作

除了使用过滤的方式实现分流以外，还可以通过侧输出流的方式实现分流的功能。传感器数据可能包含异常数据，如传感器的温度过高或者过低，根据业务规则，可以将温度过高或者温度过低的数据进行分流，再对这些数据流进行处理。例如，对于温度过高的传感器数据进行报警处理。下面的程序通过侧输出流的方式实现了温度的分流功能。

新创建一个 SplitTempProcessor 类。这个类实现了侧输出流的功能，传入的两个参数 minTemp 和 maxTemp 分别代表划分低温流和高温流的阈值。

```
class SplitTempProcessor(minTemp: Double, maxTemp: Double) extends ProcessFunction
[(String, Long, Double), (String, Long, Double)]
```

完整的程序代码如下。

```scala
package chapter5

import org.apache.flink.streaming.api.functions.ProcessFunction
import org.apache.flink.streaming.api.scala._
import org.apache.flink.util.Collector

object SplitStreamTest2 {
  def main(args: Array[String]): Unit = {

    //创建运行环境
    val env = StreamExecutionEnvironment.getExecutionEnvironment
    env.setParallelism(1)
    //从数据源读取数据
    val dataStream = env.fromElements(
      ("sensor_1", 1673711312000L, 9.0),
      ("sensor_1", 1673711311000L, 10.0),
      ("sensor_1", 1673711329000L, 30.0),
      ("sensor_1", 1673711322000L, 99.0),
      ("sensor_2", 1673711328000L, 20.0),
      ("sensor_3", 1673711319000L, 97.0),
      ("sensor_2", 1673711322000L, 40.0)
    )
    //按照高温流阈值和低温流阈值进行分流
    val tempStream: DataStream[(String, Long, Double)] = dataStream
      .process(new SplitTempProcessor(10.0, 90.0))
    //低温流
    val lowTempStream = tempStream.getSideOutput(new OutputTag[(String, Long, Double)]
("low-temp"))
    //正常流
    val normalTempStream = tempStream.getSideOutput(new OutputTag[(String, Long, Double)]
("normal-temp"))
    //高温流
    val highTempStream = tempStream.getSideOutput(new OutputTag[(String, Long, Double)]
("high-temp"))
    //输出低温流
    lowTempStream.print("low-temp")
    //输出正常流
    normalTempStream.print("normal-temp")
    //输出高温流
    highTempStream.print("high-temp")
```

```
        //开始执行
        env.execute()
    }


    /**
     * 自定义 ProcessFunction 用于区分高低温度的数据
     * @param minTemp 低温流阈值
     * @param maxTemp 高温流阈值
     */
    class SplitTempProcessor(minTemp: Double, maxTemp: Double) extends ProcessFunction
[(String, Long, Double), (String, Long, Double)] {
        override def processElement(value: (String, Long, Double), ctx: ProcessFunction
[(String, Long, Double), (String, Long, Double)]#Context, out: Collector[(String, Long,
 Double)]): Unit = {
            //低温流
            if (value._3 < minTemp) {
                ctx.output(new OutputTag[(String, Long, Double)]("low-temp"), (value._1,
value._2, value._3))
            }
            //高温流
            else if (value._3 > maxTemp) {
                ctx.output(new OutputTag[(String, Long, Double)]("high-temp"), (value._1,
value._2, value._3))
            } else {
                //正常流
                ctx.output(new OutputTag[(String, Long, Double)]("normal-temp"), (value._1,
value._2, value._3))
            }
        }
    }
}
```

运行程序并查看结果。通过观察输出结果可以看到，数据流已经得到划分。low-temp 表示低温的数据流，normal-temp 表示正常温度的数据流，high-temp 表示高温的数据流。

```
low-temp> (sensor_1,1673711312000,9.0)
normal-temp> (sensor_1,1673711311000,10.0)
normal-temp> (sensor_1,1673711329000,30.0)
high-temp> (sensor_1,1673711322000,99.0)
normal-temp> (sensor_2,1673711328000,20.0)
high-temp> (sensor_3,1673711319000,97.0)
normal-temp> (sensor_2,1673711322000,40.0)
```

3. 使用 union 算子实现合并流操作

通过 union 算子，数据流并不会关联到一起，而是保留各个数据流原始的数据形式。

```
val tempStream: DataStream[(String, Long, Double)] = dataStream1.union(dataStream2)
```

完整的程序代码如下。

```scala
package chapter5

import org.apache.flink.streaming.api.functions.ProcessFunction
import org.apache.flink.streaming.api.scala._
import org.apache.flink.util.Collector

object UnionStream {

  def main(args: Array[String]): Unit = {

    //创建运行环境
    val env = StreamExecutionEnvironment.getExecutionEnvironment
    env.setParallelism(1)
    //从数据源 1 读取数据
    val dataStream1 = env.fromElements(
      ("sensor_1", 1673711312000L, 9.0),
      ("sensor_1", 1673711311000L, 10.0),
      ("sensor_1", 1673711329000L, 30.0),
      ("sensor_1", 1673711322000L, 99.0)
    )
    //从数据源 2 读取数据
    val dataStream2 = env.fromElements(
      ("sensor_2", 1673711328000L, 20.0),
      ("sensor_2", 1673711319000L, 97.0),
      ("sensor_2", 1673711322000L, 40.0)
    )
    //合并流
    val tempStream: DataStream[(String, Long, Double)] = dataStream1.union(dataStream2)
    //输出
    tempStream.print()
    //开始执行
    env.execute()
  }
}
```

运行程序并查看结果。可以看到，传感器 1 和传感器 2 的数据已经合并到一个新的数据流中。

```
(sensor_1,1673711312000,9.0)
(sensor_1,1673711311000,10.0)
(sensor_1,1673711329000,30.0)
```

```
(sensor_1,1673711322000,99.0)
(sensor_2,1673711328000,20.0)
(sensor_2,1673711319000,97.0)
(sensor_2,1673711322000,40.0)
```

4. 使用 coGroup 算子实现合并流操作

coGroup 算子会作用于（Key, Value）类型的数据，用于将相同 Key 的数据关联到一起。主要的实现方式如下。

```
stream1.coGroup(stream2)
```

完整的程序代码如下。

```
package chapter5

import org.apache.flink.api.common.functions.{CoGroupFunction, JoinFunction}
import org.apache.flink.streaming.api.scala._
import org.apache.flink.streaming.api.windowing.assigners.TumblingEventTimeWindows
import org.apache.flink.streaming.api.windowing.time.Time
import org.apache.flink.util.Collector

import java.lang

object CoGroupTest {
  def main(args: Array[String]): Unit = {
    val env = StreamExecutionEnvironment.getExecutionEnvironment
    env.setParallelism(1)
    //从数据流 1 读取数据
    val stream1 = env.fromElements(
      ("sensor_1", 1000L,1.0),
      ("sensor_2", 1000L,2.0),
      ("sensor_1", 2000L,3.0),
      ("sensor_2", 6000L,4.0)
    ).assignAscendingTimestamps(_._2)
    //从数据流 2 读取数据
    val stream2 = env.fromElements(
      ("sensor_1", 3000L, 5.0),
      ("sensor_2", 3000L, 6.0),
      ("sensor_1", 4000L, 7.0),
      ("sensor_2", 4000L, 8.0)
    ).assignAscendingTimestamps(_._2)
    //窗口操作
    stream1.coGroup(stream2)
      .where(_._1)
      .equalTo(_._1)
      .window(TumblingEventTimeWindows.of(Time.seconds(5)))
```

```
        .apply( new CoGroupFunction[(String, Long,Double), (String, Long,Double), String] {
            override def coGroup(iterable: lang.Iterable[(String, Long,Double)], iterable1:
lang.Iterable[(String, Long,Double)], collector: Collector[String]): Unit = {
              collector.collect(iterable + " => " + iterable1)
            }
        })
        .print()
    //开始执行
    env.execute()
  }
}
```

运行程序并查看结果。通过观察输出结果可以看到，两个数据流中相同传感器的 ID 已经分到一组。

```
[(sensor_1,1000,1.0), (sensor_1,2000,3.0)] => [(sensor_1,3000,5.0), (sensor_1,4000,7.0)]
[(sensor_2,1000,2.0)] => [(sensor_2,3000,6.0), (sensor_2,4000,8.0)]
[(sensor_2,6000,4.0)] => []
```

5. 使用 join 算子实现合并流操作

join 算子会作用于（Key,Value）类型的数据，用于将相同 Key 的数据关联到一起，实现两个数据流一对一关联。主要的实现形式如下。

```
stream1.join(stream2)
```

完整的程序代码如下。

```
package chapter5

import org.apache.flink.api.common.functions.JoinFunction
import org.apache.flink.streaming.api.scala._
import org.apache.flink.streaming.api.windowing.assigners.TumblingEventTimeWindows
import org.apache.flink.streaming.api.windowing.time.Time

object JoinTest {
  def main(args: Array[String]): Unit = {
    val env = StreamExecutionEnvironment.getExecutionEnvironment
    env.setParallelism(1)
    //从数据流 1 读取数据
    val stream1 = env.fromElements(
      ("sensor_1", 1000L, 1.0),
      ("sensor_2", 1000L, 2.0),
      ("sensor_1", 2000L, 3.0),
      ("sensor_2", 6000L, 4.0)
    ).assignAscendingTimestamps(_._2)
    //从数据流 2 读取数据
```

```
    val stream2 = env.fromElements(
      ("sensor_1", 3000L, 5.0),
      ("sensor_2", 3000L, 6.0),
      ("sensor_1", 4000L, 7.0),
      ("sensor_2", 4000L, 8.0)
    ).assignAscendingTimestamps(_._2)
    //窗口操作
    stream1.join(stream2)
      .where(_._1)
      .equalTo(_._1)
      .window(TumblingEventTimeWindows.of(Time.seconds(5)))
      .apply(new JoinFunction[(String, Long, Double), (String, Long, Double), String] {
        override def join(in1: (String, Long, Double), in2: (String, Long, Double)):
String = {
          in1 + "->" + in2
        }
      }).print()
    //开始执行
    env.execute()
  }
}
```

运行程序并查看结果。通过观察输出结果可以看到，两个数据流中相同 ID 的传感器数据实现了一对一的关联。

```
(sensor_1,1000,1.0)->(sensor_1,3000,5.0)
(sensor_1,1000,1.0)->(sensor_1,4000,7.0)
(sensor_1,2000,3.0)->(sensor_1,3000,5.0)
(sensor_1,2000,3.0)->(sensor_1,4000,7.0)
(sensor_2,1000,2.0)->(sensor_2,3000,6.0)
(sensor_2,1000,2.0)->(sensor_2,4000,8.0)
```

任务 2　Flink 状态编程

【任务描述】

本任务主要介绍 Flink 状态的应用。通过本任务的学习和实践，读者可以理解 Flink 状态的原理，掌握 Flink 状态的应用方法。

【知识链接】

1. 任务状态

在流处理的应用中，数据流是连续不断到来和处理的。在处理每个任务时，可以根据当前数据直接转换得到结果，但是，也可能存在另一种情况，即计算需要依赖以前的数据而不仅仅是当前的数据。例如，计算传感器温度的最高值，就需要存储传感器温度的最高值作为状态，后续传感器温度需要与最高温度进行比较来确定最新的最高温度。这些由一个任务维护并且用来计算输出结果的所有数据就是任务的状态。算子任务可以分为无状态和有状态两种情况。

无状态的算子任务是根据当前输入的数据直接转换输出结果。例如，数值的平方运算，只需要根据当前的数据就可以计算出结果。在基本的转换算子中，如 map、filter、flatMap 都属于无状态算子。

有状态的算子任务除了依赖当前数据以外，还依赖其他数据来得到计算结果，依赖的其他数据就是所谓的状态。例如，在进行求和 sum 运算时，就需要依赖以前的数据，每收到一个数据，就将收到的数据和历史数据进行相加计算，得到最新的结果。状态管理的基本过程如图 5-1 所示。

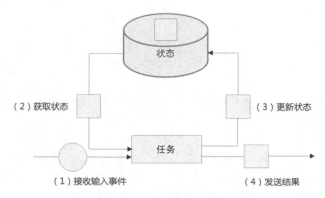

图 5-1　状态管理的基本过程

2．任务状态分类

Flink 的状态有两种——托管状态（Managed State）和原始状态（Raw State）。

- 托管状态是由 Flink 统一管理的，状态的存储访问、故障恢复等一系列问题都由 Flink 来实现，开发者只要调用 API 就可以了。托管状态是由 Flink 的运行时（Runtime）来管理的，在配置容错机制后，状态会自动持久化保存，并在发生故障时自动恢复。

- 原始状态是由用户自定义实现的，需要用户自己管理，实现状态的序列化和故障恢复等功能。Flink 不会对状态进行任何自动操作，也不知道状态的具体数据类型，只会把它当作最原始的字节数组来存储。因此，需要开发者负责状态的管理和维护。

在 Flink 中，一个算子任务会按照并行度分为多个并行子任务执行，状态在并行任务间是无法共享的，每个状态只能针对当前子任务的实例有效。很多有状态的操作都是要先使用 keyBy 算子按 Key 进行分区，分区之后，任务所进行的所有计算都应该只针对当前 Key 有效，所以状态也应该按照 Key 进行划分。因此可以将托管状态分为两类——算子状态（Operator

State）和按键分区状态（Keyed State）。

- 算子状态：作用范围限定为当前的算子任务实例，也就是只对当前并行子任务实例有效。对于一个并行子任务，它所处理的所有数据都会访问相同的状态，状态对同一任务来说是共享的，如图 5-2 所示。

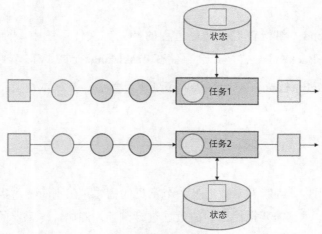

图 5-2　算子状态

- 按键分区状态：状态是根据输入流中定义的键（Key）来维护和访问的，只能定义在按键分区流 KeyedStream 中。Flink 为每个（Key,Value）维护一个状态实例，并将具有相同 Key 的所有数据都分区到同一个算子任务中，这个任务会维护和处理这个 Key 对应的状态，如图 5-3 所示。

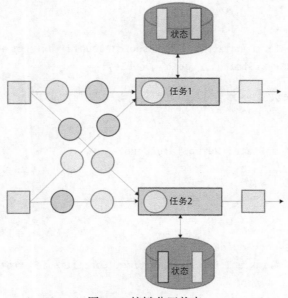

图 5-3　按键分区状态

3. 状态后端

状态后端是指对状态进行存储的方式，主要有如下 3 种。

- MemoryStateBackend：内存级的状态后端，会将键控状态作为内存中的对象进行管理，将它们存储在任务管理器的 JVM 堆中，而将检查点存储在作业管理器的内存中。

- FsStateBackend：将检查点存储在远程的持久化文件系统中。而对于本地状态，和MemoryStateBackend 一样，也会存储在 TaskManager 的 JVM 堆中。

- RocksDBStateBackend：将所有状态序列化，然后存储在本地 RocksDB 中。

【任务实施】

Flink 异常数据判断

在流处理的应用中，判断异常数据是一个常见的需求。在判断异常数据的过程中可能不仅依赖于当前数据，而且需要根据以往的数据进行判断。例如，传感器的温度突然升高是一个异常情况，突然升高需要通过判断温差来实现，这就需要记录传感器的历史数据，随后使用当前的传感器温度和历史数据进行比较，如果温差超出了指定的阈值，就进一步进行处理。需要存储的传感器的历史数据就是传感器的状态。

下面的程序实现了这样的功能：随机生成传感器数据，记录传感器的温度状态，如果温差超过指定的阈值就将传感器的温度加入一个数据流中并输出。

以下 TemperatureAlertFunction 类定义了处理类，其中，threshold 参数表示传感器温差的阈值。

```
class TemperatureAlertFunction(val threshold: Double) extends RichFlatMapFunction
[(String, Long, Double), (String, Double, Double)]
```

常量 lastTempState 定义了最新的温度状态，每当收到一个新的传感器温度数据时，就更新这个温度状态。

```
private var lastTempState: ValueState[Double] = _
```

完整的程序代码如下。

```
package chapter5

import chapter3.SensorSource
import org.apache.flink.api.common.eventtime.{SerializableTimestampAssigner, Watermark
Strategy}
import org.apache.flink.api.common.functions.RichFlatMapFunction
```

```scala
import org.apache.flink.api.common.state.{ValueState, ValueStateDescriptor}
import org.apache.flink.api.scala._
import org.apache.flink.configuration.Configuration
import org.apache.flink.streaming.api.scala.{DataStream, KeyedStream, StreamExecution
Environment}
import org.apache.flink.util.Collector

import java.time.Duration

object KeyedStateTest {

  def main(args: Array[String]) {
    //获取执行环境
    val env = StreamExecutionEnvironment.getExecutionEnvironment
    //设置检查点时间间隔
    env.getCheckpointConfig.setCheckpointInterval(10 * 1000)
    //配置水位线的间隔
    env.getConfig.setAutoWatermarkInterval(1000L)
    //从数据源读取数据
    val dataStream: DataStream[(String, Long, Double)] = env
      .addSource(new SensorSource(10))
      //分配时间和水位线
      .assignTimestampsAndWatermarks(
        //指定水印生成策略——周期性策略
        WatermarkStrategy.forBoundedOutOfOrderness[(String, Long, Double)](
         Duration.ofSeconds(3))
         .withTimestampAssigner(new SerializableTimestampAssigner[(String, Long, Double)] {
           //指定事件时间戳
           override def extractTimestamp(element: (String, Long, Double), record
Timestamp: Long): Long = element._2
           }))
      //按照传感器 ID 进行分组
      val keyedSensorData: KeyedStream[(String, Long, Double), String] = dataStream.
keyBy(_._1)
      //设定报警
      val dataStream2: DataStream[(String, Double, Double)] = keyedSensorData
        .flatMap(new TemperatureAlertFunction(1.7))
      //控制台输出
      dataStream2.print()
      //开始执行
      env.execute()
  }

  /**
   * 设定报警
```

```
 * @param threshold 阈值
 */
class TemperatureAlertFunction(val threshold: Double)
  extends RichFlatMapFunction[(String, Long, Double), (String, Double, Double)] {

    //定义状态，最后的温度状态
    private var lastTempState: ValueState[Double] = _

    //初始化
    override def open(parameters: Configuration): Unit = {
      //创建状态描述
      val lastTempDescriptor = new ValueStateDescriptor[Double]("lastTemp", classOf
[Double])
      //获得状态对象
      lastTempState = getRuntimeContext.getState[Double](lastTempDescriptor)
    }

    //flatMap 算子操作，判断温差，记录最后的温度
    override def flatMap(sensor: (String, Long, Double), out: Collector[(String, Double,
Double)]): Unit = {

      //获得最后的温度
      val lastTemp = lastTempState.value()
      //计算温差
      val tempDiff = (sensor._3 - lastTemp).abs
      //如果温差超过阈值
      if (tempDiff > threshold) {
          //输出（传感器 ID，传感器温度，温差）
          out.collect((sensor._1, sensor._3, tempDiff))
      }
      //更新状态
      this.lastTempState.update(sensor._3)
    }
  }
}
```

　　运行程序并查看结果。可以看到更新温度状态的操作，另外温差超过阈值的数据流也输出到控制台。需要说明的是，由于数据是随机生成的，因此读者运行程序时看到的输出结果可能和以下显示的结果不一致。

```
4> (sensor_10,55.946906971140486,55.946906971140486)
1> (sensor_3,68.68501495062779,68.68501495062779)
2> (sensor_2,69.1433995079012,69.1433995079012)
3> (sensor_8,75.56544805631783,75.56544805631783)
```

```
6> (sensor_5,41.128402579735514,41.128402579735514)
5> (sensor_1,82.08217338277336,82.08217338277336)
7> (sensor_4,31.66651877800471,31.66651877800471)
8> (sensor_9,55.555966097288135,55.555966097288135)
update temp:55.946906971140486
update temp:68.68501495062779
update temp:69.1433995079012
update temp:82.08217338277336
update temp:31.66651877800471
update temp:41.128402579735514
update temp:55.555966097288135
update temp:75.56544805631783
```

任务 3　Flink 容错机制

【任务描述】

本任务主要介绍 Flink 容错机制的设置。通过本任务的学习和实践，读者可以理解 Flink 容错机制的原理，掌握 Flink 容错机制的设置方法。

【知识链接】

1. 检查点

Flink 中的每个算子都是有状态的，为了实现状态容错，Flink 实现了检查点（Checkpoint）机制。检查点可以理解为由 Flink 自动执行的快照，是某时刻作业中所有算子的当前状态的全局快照。快照数据一般存储在外部磁盘上，例如，存储到 HDFS（Hadoop 分布式文件系统）中，也就是说，所有状态数据定时进行持久化存储。检查点机制使 Flink 在遇到异常时能够恢复状态和在流中的位置检查点，实际上就是将本地内存中存储的状态数据保存到外部的持久化存储系统中。

2. 重启和故障恢复

在 Flink 中，当任务出现故障时，可以对发生故障的任务以及其他受影响的任务进行重启，恢复到正常执行状态，通过重启策略和故障恢复策略来控制任务重启。重启策略控制包括是否可以重启以及重启的时间间隔，故障恢复策略控制哪些任务需要重启。

重启策略：每个重启策略都有自己的一组配置选项来控制其行为，restart-strategy 用于定义在作业失败时使用的重启策略。主要策略如下。

1）不重启策略

当作业失败时不会尝试重启该策略。flink-conf.yaml 中的配置如下。

```
restart-strategy: none
```

在应用程序中设置的方式如下。

```
val env = StreamExecutionEnvironment.getExecutionEnvironment()
env.setRestartStrategy(RestartStrategies.noRestart())
```

2）固定延迟重启策略

按照固定的次数尝试重启作业，两次重启之间需要等待指定的时间，超过指定的次数后作业仍失败则不再尝试。可以在 flink-conf.yaml 配置文件中设置，默认使用该策略。

```
#指定使用固定延迟重启策略
restart-strategy: fixed-delay
#尝试重启的次数
restart-strategy.fixed-delay.attempts: 3
#两次重启之间的时间间隔
restart-strategy.fixed-delay.delay: 10 s
```

在应用程序中进行如下设置。

```
env.setRestartStrategy(RestartStrategies.fixedDelayRestart(
    3, //尝试重启的次数为 3 次
    Time.of(10, TimeUnit.SECONDS) //两次重启之间的时间间隔为 10s
    ))
```

3）故障率重启策略

故障率指的是每个时间间隔发生故障的次数。使用故障率重启策略，在故障发生之后重启作业，但是当故障率超过设定的限制时，程序将退出。例如，如果 5min 内作业故障次数不超过 3 次，则自动重启，两次连续重启的时间间隔为 10s，如果 5min 内作业故障次数超过 3 次，则程序退出。flink-conf.yaml 中的配置内容如下。

```
#指定使用故障率重启策略
restart-strategy:failure-rate
#每个时间间隔的最大故障次数
restart-strategy.failure-rate.max-failures-per-interval: 3
#测量故障率的时间间隔
restart-strategy.failure-rate.failure-rate-interval: 5 min
#两次连续重启的时间间隔
restart-strategy.failure-rate.delay: 10 s
```

也可以在应用程序中进行设置。

```
env.setRestartStrategy(RestartStrategies.failureRateRestart(
    3, //每个时间间隔的最大故障次数
    Time.of(5, TimeUnit.MINUTES), //测量故障率的时间间隔
    Time.of(10, TimeUnit.SECONDS) //两次连续重启的时间间隔
    ))
```

4）故障恢复策略

Flink 支持两种不同的故障恢复策略，可以在配置文件 flink-conf.yaml 中对属性 jobmanager. execution.failover-strategy 进行设置。该属性有两个值——full 和 region（默认）。

● full：任务发生故障时重启作业中的所有任务进行故障恢复。

● region：将作业中的任务分为数个不相交的区域，当有任务发生故障时，将计算进行故障恢复需要重启的最小区域集合。与重启所有任务相比，对于某些作业可能要重启的任务数量更少。

3. 保存点

保存点（Savepoint）是用户手动触发的检查点，由用户手动创建、拥有和删除，它获取状态的快照并将其写入状态后端。保存点主要用于手动的状态数据备份和恢复，常用于在升级和维护集群的过程中保存状态数据，避免系统无法恢复到原有的计算状态。当需要对作业进行停止、重启或者更新时，可以进行一次保存点操作，保存流作业的执行状态。

保存点与检查点的主要不同之处如下。

● 检查点的主要目的是为意外失败的作业提供恢复机制。检查点的生命周期由 Flink 管理。也就是说，检查点由 Flink 创建、管理和删除，不需要用户参与。

● 保存点由用户创建、拥有和删除，是一种有计划的手动备份和恢复。保存点更多地关注可移植性和对作业更改的支持。

【任务实施】

容错机制设置

通过对容错机制的学习，可以在程序中进行相应的设置。下面的程序实现了容错机制的设置。

```
package chapter5

import org.apache.flink.api.common.restartstrategy.RestartStrategies
import org.apache.flink.runtime.state.filesystem.FsStateBackend
import org.apache.flink.streaming.api.CheckpointingMode
import org.apache.flink.streaming.api.environment.CheckpointConfig
import org.apache.flink.streaming.api.scala.StreamExecutionEnvironment
```

```scala
object EnvSet {
  def main(args: Array[String]): Unit = {
    val env = StreamExecutionEnvironment.getExecutionEnvironment
    //设置并行度
    env.setParallelism(1)
    //执行检查点的时间间隔
    env.enableCheckpointing(1000)
    //指定状态后端
    env.setStateBackend(new FsStateBackend("file:///C://checkpoint"))
    //设置模式为精确一次（默认值）
    env.getCheckpointConfig.setCheckpointingMode(CheckpointingMode.EXACTLY_ONCE)
    //设置两次检查点的最小时间间隔
    env.getCheckpointConfig.setMinPauseBetweenCheckpoints(500)
    //设置可容忍的失败的检查点数量，默认值为 0，不容忍任何失败
    env.getCheckpointConfig.enableExternalizedCheckpoints(CheckpointConfig.Externalized
CheckpointCleanup.RETAIN_ON_CANCELLATION)
    //设置检查点的超时时间
    env.getCheckpointConfig.setCheckpointTimeout(6000)
    //重启策略：固定延迟重启。出现异常重启 2 次，每次间隔 3s，超过 2 次仍然出现异常则退出
    env.setRestartStrategy(RestartStrategies.fixedDelayRestart(2, 3000))
    println("set env finish")
  }
}
```

项目小结

本项目通过 3 个任务讲解了多数据流、状态编程和容错机制的应用。本项目主要包括以下内容。

- 多数据流操作可以分为分流操作和合并流操作。分流操作可以使用 Filter 算子、侧输出流实现；合并流操作可以使用 union 算子、join 算子和 coGroup 算子实现。

- 状态编程：Flink 的状态有两种——托管状态和原始状态。托管状态就是由 Flink 统一管理的，状态的存储访问、故障恢复等一系列问题都由 Flink 来实现，开发者只要调用 API 就可以了。原始状态是由用户自定义实现，需要用户自己管理，实现状态的序列化和故障恢复等功能。

- 状态后端是指对状态进行存储的方式，常用的状态后端主要有 MemoryStateBackend、FsStateBackend 和 RocksDBStateBackend。

- 容错机制主要包括检查点机制、重启和故障恢复策略以及保存点机制。通过容错机

制，可以保证 Flink 集群的高可用性。

思考与练习

理论题

一、选择题（单选）

1．下面可以实现分流操作的算子是。（　　　）

（A）map
（B）flatMap

（C）filter
（D）coGroup

2．下面可以实现合并流操作的算子是。（　　　）

（A）map
（B）join

（C）filter
（D）flatMap

3．下面哪项不属于 Flink 的容错机制。（　　　）

（A）设置检查点
（B）设置故障恢复

（C）利用保存点恢复数据
（D）合并数据流

二、简答题

1．简述使用 join 算子和 coGroup 算子合并流的主要区别。

2．简述 Flink 两种类型的状态。

3．简述 Flink 的 3 种状态后端。

4．简述检查点和保存点的主要区别。

实训题

1．练习 Flink 数据分流及合并流的方法，体会不同的分流及合并流方法的区别。

2．练习 Flink 状态的使用方法。

3．练习 Flink 容错机制的设置方法。

项目 6

Flink Table 和 SQL 应用

 项目导读

通过前面几个项目的学习，相信读者已经掌握了 Flink 的 DataStream API 的使用方法并进行流处理系统的开发。在实际的企业级应用中，业务处理逻辑可能更加复杂，为了提高开发效率，Flink 提供了应用层的 API。Flink Table 和 SQL 是应用层的接口，可以将数据流转换为"表"。开发人员可以使用比较熟悉的 SQL 语句对表进行操作。对表的各种查询操作实际上就是对数据流的转换操作。Flink Table 和 SQL 这两种不同的 API 在对同一张表执行相同的查询操作时，得到的结果是完全一样的。

思政目标

- 培养学生的创新精神和善于解决问题的实践能力。
- 培养学生树立正确认知和善于反思的能力。

 教学目标

- 掌握 Flink Table 和 SQL 的编程方法。
- 掌握系统函数和自定义函数的开发方法。
- 掌握表的关联操作、分组聚合操作、窗口操作等常用方法。

任务 1　快速入门

【任务描述】

本任务主要介绍 Flink Table 和 SQL 的基本应用。通过本任务的学习和实践，读者可以了解基于 Flink Table 和 SQL 的编程方法，掌握 Flink Table 和 SQL 的基本使用方法。

【知识链接】

Flink Table 和 SQL 简介

Table API 和 SQL 是 Flink 用于流批统一处理的关系型 API。Table API 可以用于 Scala 和 Java 编程语言的数据查询，它可以通过非常直观的方式来组合使用 select、filter、join 等关系型算子。

Flink SQL 语句包含数据查询、数据操作、数据定义语言，是基于 Apache Calcite 来实现的标准 SQL。Apache Calcite 是行业标准的 SQL 解析器、验证器和 JDBC 驱动程序。Flink 使用 Calcite 对 SQL 进行解析、校验和优化。

Table API 和 SQL 接口可以与 Flink 的 DataStream API 无缝集成。用户可以在所有基于它们的 API 和库之间切换，无论输入的是流还是批，在两个接口中指定的查询都具有相同的语义和结果。

【任务实施】

过滤用户访问记录

下面以一个基本的案例说明 Table API 和 SQL 的使用方法。基本需求是对 PageView 数据流的数据进行处理，根据条件过滤某些用户访问记录。主要的实现流程如下。

- 数据源通过 PageView（对象列表）转换为数据流。
- 将数据流转换为数据表。
- 使用 Table API 过滤数据，只保留访问过 index.html 页面的数据。
- 使用 Flink SQL 过滤数据，实现和 Table API 同样的功能。

主要实现步骤如下。

（1）在 pom.xml 中添加 dependency 依赖，以及 Flink Table 和 SQL 应用的包。

```
<dependency>
    <groupId>org.apache.flink</groupId>
    <artifactId>flink-table-api-scala-bridge_${scala.binary.version}</artifactId>
    <version>${flink.version}</version>
</dependency>
<dependency>
    <groupId>org.apache.flink</groupId>
    <artifactId>flink-table-planner-blink_${scala.binary.version}</artifactId>
    <version>${flink.version}</version>
</dependency>
```

（2）创建数据源。根据 List 创建数据流，List 的数据类型为 PageView。

```
val dataStream: DataStream[PageView] = env.fromCollection(List(
  PageView(1, 1547718100, 1, "/index.html", 10),
  PageView(2, 1547718200, 2, "/index.html", 20),
  PageView(3, 1547719300, 3, "/index.html", 10),
  PageView(4, 1547720300, 1, "/goods.html", 100),
  PageView(5, 1547720600, 2, "/cart.html", 30)
))
```

（3）获取数据流的运行环境。

```
//获取运行环境
val env = StreamExecutionEnvironment.getExecutionEnvironment
```

（4）创建表环境。表环境是根据流环境创建的。可以调用 StreamTableEnvironment 的 create 方法创建表环境，其中，传入的参数是数据流的运行环境。

```
//创建表环境
val tableEnv = StreamTableEnvironment.create(env)
```

（5）创建数据表。从数据流中创建表对象。

```
//将数据流转换为表
val pvTable = tableEnv.fromDataStream(dataStream)
```

（6）创建临时表（视图）。将数据表对象注册为临时表。

```
//创建临时表
tableEnv.createTemporaryView("page_view", pvTable)
```

（7）使用 Table API 实现数据过滤。只保留 visitUrl 字段为/index.html 的数据。首先用 select 方法选择字段，然后使用 where 方法根据条件过滤数据。

```
//只查询访问过 index.html 页面的记录
val resultTable1 = pvTable.select($("userId"), $("visitUrl"), $("visitTime"))
.where($("visitUrl").isEqual("/index.html"))
```

（8）使用 Flink SQL 实现数据过滤。为了验证和 Table API 实现了相同的功能，同样只保留 visitUrl 字段为/index.html 的数据。

```
//直接执行 SQL 语句
val resultTable2 = tableEnv.sqlQuery("select userId,visitUrl,visitTime from page_view
 where visitUrl = '/index.html' ")
//转换为数据流并输出
tableEnv.toDataStream(resultTable2).print("resultTable2")
```

（9）输出结果。将表对象转换为数据流并输出。

```
//转换为数据流并输出
tableEnv.toDataStream(resultTable1).print("resultTable1")
```

运行程序并查看结果。输出结果如下。

```
resultTable1> +I[1, /index.html, 10]
resultTable2> +I[1, /index.html, 10]
resultTable1> +I[2, /index.html, 20]
resultTable2> +I[2, /index.html, 20]
resultTable1> +I[3, /index.html, 10]
resultTable2> +I[3, /index.html, 10]
```

输出结果分析如下。

resultTable1 是通过 Table API 过滤数据后输出的数据流，resultTable2 是通过 SQL 过滤数据后输出的数据流，两个输出流的结果是一致的，都实现了数据流的过滤。针对输出内容，这里以第 1 条输出结果进行说明：+I[1, /index.html, 10]，其中，I 表示 Insert，插入记录，类型为[userId,visitUrl, visitTime]。

任务 2　Flink Table 和 SQL 基本 API 应用

【任务描述】

本任务主要介绍 Flink Table 和 SQL 的应用。通过本任务的学习和实践，读者可以深入理解基于 Flink Table 和 SQL 的编程方法，掌握 Flink Table 和 SQL 常用 API 的使用方法。

【知识链接】

1．创建表环境

由于 Flink 的数据流和表在结构上是有区别的，因此 Table API 和 SQL 需要特别的运行时环境——表环境（Table Environment）。表环境的主要作用如下。

- 注册 Catalog 和表：Catalog 和标准 SQL 中的概念是一致的，主要用来管理所有数据库和表的元数据。在表环境中可以由用户自定义 Catalog，并在其中注册表和自定义函数。默认的 Catalog 是 default_catalog。

- 执行 SQL 查询：SQL 的执行必须绑定在一个表环境中。表环境是 Table API 提供的基本接口类，可以通过调用静态的 create 方法来创建一个表环境实例。针对 create 方法，需要传入一个环境的配置参数 EnvironmentSettings，它可以指定当前表环境的执行模式和计划器。

- 注册用户自定义函数：Flink Table 提供了很多内置函数以方便用户开发，如果不能满足需求，用户可以自定义函数来实现特定的功能。

- DataStream 和表之间的转换：通过 Table API 和 SQL 对数据进行处理，最终的处理结果需要转换为数据流并输出。

使用 StreamTableEnvironment 的 create 方法来创建表环境，其中，将运行时环境作为参数，其他采用默认的配置参数。

```
//获取运行环境
val env = StreamExecutionEnvironment.getExecutionEnvironment
//创建表环境
val tableEnv = StreamTableEnvironment.create(env)
```

如果默认的配置参数不能满足需求，可以对参数进行配置。如下展示了传入两个参数的 create 方法。

```
//获取运行环境
val env = StreamExecutionEnvironment.getExecutionEnvironment
//环境的配置参数
val settings = EnvironmentSettings.newInstance()
        .inStreamingMode()
        .useBlinkPlanner()
        .build()
  //创建表环境
  val tableEnv = StreamTableEnvironment.create(env, settings)
```

2. 连接器表

连接器表（Connector Table）是最直观的创建表的方式。它首先通过连接器连接到外部系统，然后定义对应的表结构。例如，可以将计算结果输出到 Kafka 或者文件系统中，将存储在这些外部系统的数据定义成表，这样对表的读写就可以通过连接器转换为对外部系统的读写。当在表环境中读取表时，连接器就会从外部系统读取数据并进行转换；当向表环境中写入数据时，连接器就会将数据输出到外部系统中。

在程序实现中，可以调用表环境的 executeSql 方法创建连接器表，该方法传入 SQL 语句作为参数。以下代码通过 executeSql 方法传入 CREATE 语句来创建表，并通过 WITH 关键字连接到外部系统的连接器 CSV 文件。

```
//执行 SQL 语句创建表
tableEnv.executeSql("CREATE TABLE page_view (" +
    " id STRING," +
    " ts BIGINT," +
    " user_id INT," +
    " visit_url STRING," +
    " visit_time INT" +
    ") WITH (" +
    " 'connector' = 'filesystem'," +
    " 'path' = 'data/pageview.csv'," +
    " 'format' = 'csv'" +
        ") ")
```

3．注册表

注册表其实是指创建一个"虚拟表"，这个概念与 SQL 语法中的视图非常类似，所以调用的方法叫作 createTemporaryView。视图并不会直接保存表的内容，只是在用到这张表时，会将它对应的查询语句嵌入 SQL 中，通过虚拟表可以非常方便地让 SQL 分步骤执行得到中间结果，这为代码编写提供了很大的便利。虚拟表也可以在 Table API 和 SQL 之间切换。

```
//创建临时表
tableEnv.createTemporaryView("page_view", pvTable)
```

4．数据查询

Flink 提供了两种查询方式——SQL 和 Table API。这两种查询方式可以实现同样的功能，读者可以根据自己的编程习惯选择其中之一。

1）执行 SQL 语句进行查询

基于表执行 SQL 语句是一般开发人员比较熟悉的一种查询方式。Flink 基于 Apache Calcite 来提供对 SQL 的支持。Calcite 是一款为不同的计算平台提供标准 SQL 查询的底层工具，很多大数据框架如 Apache Hive、Apache Kylin 中的 SQL 都是通过集成 Calcite 来实现的。

在代码中，只要调用表环境的 sqlQuery 方法，传入的参数是 SQL 查询语句，执行后得到的结果就是一个 Table 对象。

```
//直接执行 SQL 语句
val resultTable2 = tableEnv.sqlQuery("select userId,visitUrl,visitTime " +
"from page_view " + "where visitUrl = '/index.html' ")
```

2）调用 Table API 进行查询

Table API 是嵌入在 Java 和 Scala 语言内的查询 API，核心是 Table 接口类。通过一步步链式调用 Table 的方法，就可以定义所有的查询转换操作。每一步方法调用的返回结果都是一个 Table 对象。

基于环境中已经注册的表，可以通过表环境的 from 方法得到一个 Table 对象，传入的参数是已经注册的表名。在得到 Table 对象之后，就可以调用 API 进行各种转换操作。通过转换操作得到的是新的 Table 对象，其中每个方法的参数都是一个"表达式"。这种用方法调用的形式直观地说明了想要表达的内容。

```
//只查询访问过 index.html 页面的记录
val resultTable1 = pvTable.select($("userId"), $("visitUrl"), $("visitTime"))
.where($("visitUrl").isEqual("/index.html"))
```

5. 结果输出

表的创建和查询对应流处理中的读取数据源和转换操作，而将结果数据输出到外部系统中对应着表的输出操作。输出一张表最直接的方法就是调用 Table 的 executeInsert 方法将一个 Table 写入注册过的表中，方法传入的参数是注册的表名。本质上，表的输出是通过将数据写入 TableSink 来实现的。TableSink 是 Table API 提供的一个向外部系统写入数据的通用接口。

```
//将结果表写入输出表中
resultTable .executeInsert("page_view_result")
```

6. 表和流的转换

从创建表环境开始，到表的创建、查询转换和输出的整个过程，都可以使用 Table API 和 SQL 进行处理。在实际的开发过程中，一般不会直接将结果写入外部系统中，而是在本地控制台输出进行调试。数据流直接调用 print 方法就可以输出结果，但 Table 没有提供 print 方法，需要将处理后的 Table 转换为数据流，然后输出，这就涉及表和流的转换。

1）将表转换成流

如果要将一个 Table 对象转换为 DataStream，只需直接调用表环境的方法 toDataStream 即可。

```
//将表转换为流并输出
tableEnv.toDataStream(resultTable1)
        .print("resultTable1")
```

在调用 toChangelogStream 方法时，对于有更新操作的表，不要直接把它转换为数据流后输出，而是记录一下它的"更新日志"，这样对于表的所有更新操作就变成一条更新日志的流，从而转换为流再输出。在代码中需要调用的是表环境的 toChangelogStream 方法。

```
//将结果表写入输出表中
resultTable
  .executeInsert("page_view_result")
```

```
//输出
tableEnv.toChangelogStream(resultTable)
  .print()
```

2）将流转换为表

通过调用 fromDataStream 方法可以将流转换为表。

```
//将流转换为表
val pvTable = tableEnv.fromDataStream(dataStream)
```

【任务实施】

Flink 连接器的使用

前面的案例通过数据流转换的形式来创建表，本案例通过连接器创建表，实现对访问记录进行过滤的功能。

（1）创建文件 pageview.csv，输入如下文件内容。

```
1,1547718100,1,/index.html,10
2,1547718200,2,/index.html,20
3,1547719300,3,/index.html,10
4,1547720300,1,/goods.html,100
5,1547720600,2,/cart.html,30
```

（2）通过连接器创建表。

connector 是 filesystem，表示连接器是文件系统，path 指定文件的路径，format 指定文件的类型。通过读取文件数据来创建表。以下代码通过读取 pageview.csv 文件数据来创建 page_view 表。page_view 表中的数据是要分析的数据源。

```
//执行 SQL 语句来创建表
tableEnv.executeSql("CREATE TABLE page_view (" +
  " id STRING," +
  " ts BIGINT," +
  " user_id INT," +
  " visit_url STRING," +
  " visit_time INT" +
  ") WITH (" +
  " 'connector' = 'filesystem'," +
  " 'path' = 'data/pageview.csv'," +
  " 'format' = 'csv'" +
      ") ")
```

（3）以下代码使用连接器创建了 page_view_result 表。

这个表关联了 sum_page_view.csv 的路径。通过向 page_view_result 表插入记录，相当于向 sum_page_view.csv 路径中写入数据。

```
//使用 SQL 语句来创建表 page_view_result
tableEnv.executeSql("CREATE TABLE page_view_result (" +
    " user_id INT," +
    " visit_time INT" +
    ") WITH (" +
    " 'connector' = 'filesystem'," +
    " 'path' = 'data/sum_page_view.csv'," +
    " 'format' = 'csv'" +
        ") ")
```

（4）在 page_view_result 表中执行插入操作。

```
//将结果表写入输出表中
resultTable.executeInsert("page_view_result")
```

（5）运行程序并查看结果。sum_page_view.csv 文件夹包含生成的结果文件，如图 6-1 所示。通过查看文件内容可以验证结果是否正确。

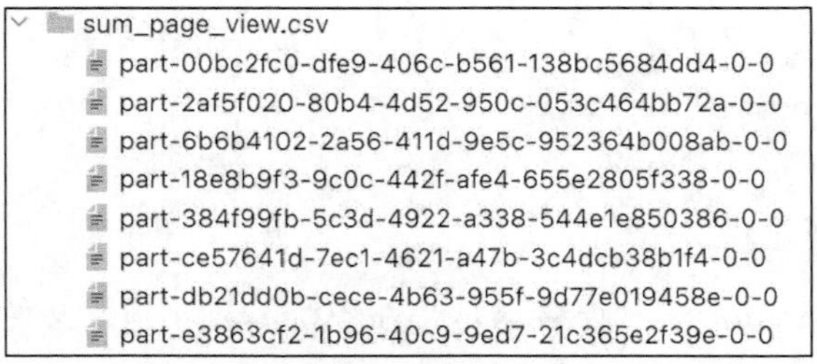

图 6-1　sum_page_view.csv 文件夹包含生成的结果文件

任务 3　Flink SQL 函数的应用

【任务描述】

本任务主要介绍 Flink SQL 函数的应用。通过本任务的学习和实践，读者可以理解基于 Flink SQL 函数的编程方法，掌握 Flink SQL 函数的使用方法。

【知识链接】

系统函数

系统函数（System Function）也称内置函数，是在系统中预先实现好的功能模块。可以通过固定的函数名直接调用，实现想要的转换操作。Flink SQL 提供了大量的系统函数，几乎支持所有的标准 SQL 中的操作，为使用 SQL 编写流处理程序提供了极大的方便。

Flink SQL 中的系统函数又可以分为两大类——标量函数（Scalar Function）和聚合函数（Aggregate Function）。

- 标量函数：标量指只有数值大小、没有方向的量，标量函数指的就是只对输入数据做转换操作，返回一个值的函数。标量函数是最常见、最简单的一类系统函数，具体应用可以查看 Flink 官方网站的完整函数列表。

- 聚合函数：以表中多个行作为输入内容，提取字段进行聚合操作的函数，会将唯一的聚合值作为结果返回。聚合函数的应用非常广泛，无论分组聚合、窗口聚合还是开窗（Over）聚合，对数据的聚合操作都可以用相同的函数来定义。

Flink SQL 支持标准 SQL 中常见的聚合函数，而支持范围还在不断扩大，可以为流处理应用提供更强大的功能。例如，COUNT(*)返回所有行的数量，统计个数；SUM(expression) 对某个字段进行求和操作。

【任务实施】

1. 标量函数的应用

以下代码实现了标量函数的应用。upper 函数将访问的 URL 转换为大写形式。

```
//标量函数
val table1 = tableEnv.sqlQuery("select user_id,visit_url,upper(visit_url) " +
  "from page_view")
//输出
tableEnv.toDataStream(table1).print("result1")
```

运行程序并查看结果。可以看到，通过调用 upper 函数，访问 URL 都转换为大写形式。

```
result1> +I[1, /index.html, /INDEX.HTML]
result1> +I[2, /index.html, /INDEX.HTML]
result1> +I[3, /index.html, /INDEX.HTML]
result1> +I[1, /goods.html, /GOODS.HTML]
result1> +I[2, /cart.html, /CART.HTML]
```

以下代码实现了聚合函数的一个应用：根据用户 ID 进行分组，统计用户访问时间的均值。avg(visit_time)表示对访问时间 visit_time 这个字段的值计算均值。

```
//聚合函数
val table2 = tableEnv.sqlQuery("select user_id,avg(visit_time) " +
    "from page_view " +
    "group by user_id")
```

```
//输出
tableEnv.toChangelogStream(table2).print("result2")
```

运行程序并查看结果。输出结果如下。

```
result2> +I[1, 10]
result2> +I[2, 20]
result2> +I[3, 10]
result2> -U[1, 10]
result2> +U[1, 55]
result2> -U[2, 20]
result2> +U[2, 25]
```

下面对输出结果进行分析。

首先按照用户分组，ID 不同的用户分到不同的组，前 3 条记录分别属于不同的用户，直接输出。

```
1,1547718100,1,/index.html,10
2,1547718200,2,/index.html,20
3,1547719300,3,/index.html,10
```

对应的日志结果输出。

```
result2> +I[1, 10]
result2> +I[2, 20]
result2> +I[3, 10]
```

第 4 条访问记录属于用户 1，访问时间是 100，需要对数据进行累加并计算出平均值 55〔（10+100）/2〕，后面的记录分析依次类推。在日志输出结果中，第 4 条-U[1,10]表示更新前的记录，第 5 条+U[1, 55]表示更新后的记录。

```
4,1547720300,1,/goods.html,100
```

对应的日志结果输出如下。

```
result2> -U[1, 10]
result2> +U[1, 55]
```

2. 自定义标量函数

如果 Flink 提供的函数不能满足需求，用户可以自定义函数。自定义函数包含标量函数和聚合函数。

首先讲解自定义标量函数的方法。自定义标量函数需要扩展 ScalaFunction 类，实现 eval 方法。以下代码实现的功能是判断用户访问的 URL，如果是 index.html 页面，则返回 1，否则返回 0。在分析数据时，可以通过这个函数来统计 index.html 页面的访问数量。

```
//自定义标量函数
  class isIndex extends ScalarFunction {
    def eval(visitUrl: String): Int = {
      if(visitUrl.contains("index.html")) 1 else 0
    }
}
```

自定义函数在调用时需要注册才可以使用。使用 createTemporarySystemFunction 方法注册函数，该方法的第 1 个参数是函数的名称，第 2 个参数是自定义的函数类型。

```
//注册标量函数
tableEnv.createTemporarySystemFunction("isIndex", classOf[isIndex])
```

自定义函数的使用方式和系统函数是一样的，可以直接在 SQL 语句中调用。

```
//调用函数进行查询转换
val table1 = tableEnv.sqlQuery("select user_id,visit_url,isIndex(visit_url) as is_index " +
    "from page_view")
```

输出结果如下。

```
//输出
tableEnv.toDataStream(table1).print()
```

观察输出结果可以得到，通过 isIndex 函数，访问 URL 已经进行了正确的转换。

```
+I[1, /index.html, 1]
+I[2, /index.html, 1]
+I[3, /index.html, 1]
+I[1, /goods.html, 0]
+I[2, /cart.html, 0]
```

3. 自定义聚合函数

除了自定义标量函数以外，还可以自定义聚合函数。聚合函数一般是进行 groupBy 分组操作以后调用。以下代码实现的功能是按照用户的 ID 进行分组，统计用户的访问时间的均值。

（1）定义样例类，保存汇总的结果。sum 参数表示汇总的访问时间，count 参数表示记录的数量。

（2）自定义的聚合函数类需要扩展 AggregateFunction 类。getValue 方法用于返回最终的结果。每当收到一个数据时，都会调用 accumulate 方法对数据进行累加。

```
/**
* 聚合结果样例类
*
```

```
     * @param sum     时间汇总
     * @param count 数量
     */
    case class MyAvgAccumulator(var sum: Long = 0, var count: Int = 0)

    //自定义的聚合函数
    class MyAvg extends AggregateFunction[java.lang.Long, MyAvgAccumulator] {
      override def getValue(acc: MyAvgAccumulator): java.lang.Long = {
        if (acc.count == 0) {
           null
        } else {
           acc.sum / acc.count
        }
      }

      //创建累加器
      override def createAccumulator(): MyAvgAccumulator = MyAvgAccumulator()

      //每收到一个数据，都会调用 accumulate 方法
      def accumulate(acc: MyAvgAccumulator, iValue: java.lang.Long, iWeight: Int): Unit = {
        acc.sum += iValue
        acc.count += iWeight
      }
    }
```

（3）和自定义标量函数一样，自定义聚合函数在使用时也需要注册，定义函数名称为 myAvg。

```
//注册聚合函数
 tableEnv.createTemporarySystemFunction("myAvg", classOf[MyAvg])
```

（4）执行 SQL 语句进行查询。在 myAvg(visit_time,1)中，第 1 个参数表示对 visit_time 字段进行汇总，第 2 个参数表示，每收到 1 个数据，计数加 1。

```
//调用函数进行查询转换
val resultTable = tableEnv.sqlQuery("select user_id, myAvg(visit_time, 1) as avg_visit
_time " +
  "from page_view " +
  "group by user_id ")
//结果输出
 tableEnv.toChangelogStream(resultTable).print()
```

（5）运行程序并查看结果。输出结果如下。

```
+I[1, 10]
+I[2, 20]
```

```
+I[3, 10]
-U[1, 10]
+U[1, 55]
-U[2, 20]
+U[2, 25]
```

任务 4　Flink SQL 高级应用

【任务描述】

本任务主要介绍 Flink SQL 分组聚合、关联表和窗口的应用。通过本任务的学习和实践，读者可以理解基于 Flink SQL 的分组聚合、关联表和窗口的编程方法，掌握 Flink SQL 分组聚合、关联表和窗口常用 API 的使用方法。

【知识链接】

1. 分组聚合

分组聚合操作是先对数据进行分组，然后对分组后的数据进行聚合操作。常见的操作如下。

- sum：汇总值。

- min：最小值。

- max：最大值。

- avg：平均值。

- count：记录数量。

2. 窗口函数

为了对数据流进行处理，窗口可以将无界数据流转换为有界数据流，将数据流分成有限大小的"桶"，从而在这些桶上进行计算。Flink 提供 3 个内置的窗口函数——TUMBLE、HOP 和 CUMULATE。窗口函数的返回值是一个新的表，它包含原始表的所有列，以及其他 3 列，这 3 列的名称分别为 window_start、window_end 和 window_time。window_time 字段是窗口的时间字段，可以用于后续基于时间的操作。

- TUMBLE 函数：将每个元素分配给一个具有指定窗口大小的滚动窗口。例如，指定一个长短为 5min 的滚动窗口，在这种情况下，Flink 将对当前窗口内的数据进行计算，并每 5min 启动一个新窗口。

- HOP（滑动窗口）函数：将元素分配给固定长度的窗口。与 TUMBLE 函数一样，窗口的大小是由窗口大小参数配置的，另外滑动步伐参数控制 HOP 窗口的启动频率，即间隔多长时间启动一个新窗口。例如，有一个长短为 10min 的窗口，可以滑动 5min，这样，每隔 5min 就会启动一个窗口，其中包含过去 10min 内到达的事件。

- CUMULATE 函数：累积窗口在某些情况下是非常有用的，例如在固定的窗口间隔内触发滚动窗口，可以通过 CUMULATE 窗口实现。CUMULATE 函数将元素分配给指定步长间隔的窗口。窗口开始保持固定，窗口结束以固定的步长进行扩大，直到达到最大窗口大小，例如，有一个 1h 步长和最长 1 天的 CUMULATE 窗口，每天将得到[00:00, 01:00)，[00:00, 02:00)，[00:00, 03:00)，…，[00:00, 24:00)这样的窗口。

【任务实施】

1. Flink SQL 分组聚合的应用

下面的案例实现了对数据流按照用户 ID 分组后进行聚合操作，计算访问时间的最小值、最大值、平均值等指标。主要实现过程如下。

（1）使用 group by 语句按照用户 ID 进行分组统计。

```
//进行分组统计
val table1 = tableEnv.sqlQuery("select user_id " +
  ",sum(visit_time) as visit_time_sum " +
  ",min(visit_time) as visit_time_min " +
  ",max(visit_time) as visit_time_max " +
  ",avg(visit_time) as visit_time_avg " +
  ",count(id) as record_count " +
  "from page_view " +
  "group by user_id")
```

（2）转换为数据流并输出。

```
//转换为数据流并输出
tableEnv.toChangelogStream(table1).print("result1")
```

运行程序并查看结果。

```
result1> +I[1, 10, 10, 10, 10, 1]
result1> +I[2, 20, 20, 20, 20, 1]
result1> +I[3, 10, 10, 10, 10, 1]
result1> -U[1, 10, 10, 10, 10, 1]
result1> +U[1, 110, 10, 100, 55, 2]
result1> -U[2, 20, 20, 20, 20, 1]
result1> +U[2, 50, 20, 30, 25, 2]
```

2．Flink SQL 关联表的应用

在实际应用中，关联表是常见的应用场景。在以上案例中，page_view 表只包含用户 ID 信息，如果获取用户名等信息，需要关联用户信息表。下面的案例实现了 page_view 表关联用户表，输出结果显示用户 ID、用户名和访问时间。

（1）创建 user.csv 文件，用于表示用户数据，其中，3 列数据分别表示用户 ID、用户名和用户的出生年月。

```
1,zhangsan,2000-01
2,lisi,1999-11
3,wangwu,2001-05
4,zhaoliu,2000-03
```

（2）通过连接器连接 user.csv 文件以创建 user_info 表。

```
//创建 user_info 表
tableEnv.executeSql("CREATE TABLE user_info (" +
  " user_id INT," +
  " name STRING," +
  " birthday STRING" +
  ") WITH (" +
  " 'connector' = 'filesystem'," +
  " 'path' = 'data/user.csv'," +
  " 'format' = 'csv'" +
  ") ")
```

（3）执行关联表的 SQL 语句。page_view 表通过用户 ID 左连接 user_info 表，并查询用户 ID、用户名和访问时间。

```
//关联表
val table1 = tableEnv.sqlQuery("select page_view.user_id, user_info.name,page_view
.visit_time " +
      "from page_view " +
      "left join user_info " +
      "on page_view.user_id=user_info.user_id")
```

（4）输出结果。

```
//输出结果
tableEnv.toChangelogStream(table1).print("result1")
```

（5）通过观察结果可以发现，输出信息已经关联了用户名信息。

```
+I[1, zhangsan, 10]
+I[2, lisi, 20]
+I[3, wangwu, 10]
```

```
+I[1, zhangsan, 100]
+I[2, lisi, 30]
```

3. Flink SQL 窗口操作

下面的案例还是以 PageView 数据流作为分析对象，每隔 5s 滚动一次窗口，在窗口内按照用户 ID 对数据进行聚合操作，统计用户访问 URL 的次数。

```
//进行窗口聚合统计，计算每个用户的访问量
val urlCountWindowTable = tableEnv.sqlQuery(
    """
    |SELECT userId, COUNT(visitUrl) AS cnt, window_start, window_end
    |FROM TABLE (
    |   TUMBLE(TABLE pvTable, DESCRIPTOR(pv_ts), INTERVAL '5' SECOND)
    |)
    |GROUP BY userId, window_start, window_end
    |""".stripMargin)
    tableEnv.createTemporaryView("urlCountWindowTable", urlCountWindowTable)
```

将表转换为数据流，并输出结果。

```
//输出结果
 tableEnv.toDataStream(urlCountWindowTable).print()
```

可以看到，输出结果显示了用户 ID、用户访问 URL 的次数、时间窗口的开始时间和结束时间。

```
+I[1, 1, 1970-01-18T21:55:15, 1970-01-18T21:55:20]
+I[2, 1, 1970-01-18T21:55:15, 1970-01-18T21:55:20]
+I[3, 1, 1970-01-18T21:55:15, 1970-01-18T21:55:20]
+I[1, 1, 1970-01-18T21:55:20, 1970-01-18T21:55:25]
+I[2, 1, 1970-01-18T21:55:20, 1970-01-18T21:55:25]
```

项目小结

本项目通过 4 个任务由浅入深地讲解了 Flink Table 和 SQL 的 API 应用、Flink SQL 函数的应用，分组聚合、关联表及窗口应用等。本项目主要包括以下内容。

- Table API 和 SQL 是 Flink 用于流批统一处理的关系型 API。Table API 用于 Scala 和 Java 语言的数据查询，它可以用非常直观的方式来组合使用 select、filter、join 等关系型算子。

- Flink SQL 语句包含数据查询、数据操作、数据定义语言，是基于 Apache Calcite 来实现的标准 SQL。

- Flink Table 和 SQL 常用 API 主要包括创建表环境、表连接器、注册表、对数据进行

查询、结果输出等应用。

- Flink SQL 中的系统函数又可以分为两大类——标量函数和聚合函数。标量函数指的是只对输入数据做转换操作，返回一个值的函数。聚合函数是以表中多个行作为输入内容，提取字段进行聚合操作的函数，会将唯一的聚合值作为结果返回。

- 如果 Flink 提供的函数不能满足需求，用户可以自定义函数。自定义函数包含标量函数和聚合函数。

- 在较为复杂的应用场景下，可以使用 Flink SQL 分组聚合、关联表和窗口等 API 进行处理。

思考与练习

理论题

一、选择题（单选）

1. Flink Table 中将流转换为表的方法是。（　　　）

（A）map　　　　　　　　（B）toDataStream

（C）groupBy　　　　　　 （D）fromDataStream

2. Flink Table 中将表转换为流的方法是。（　　　）

（A）insert　　　　　　　 （B）toDataStream

（C）update　　　　　　　（D）fromDataStream

3. Flink SQL 中能够实现数值汇总的函数是。（　　　）

（A）min　　　　　　　　 （B）max

（C）avg　　　　　　　　 （D）sum

二、简答题

1. 简述创建表环境的主要作用。

2. 简述 Flink SQL 常用的分组聚合函数。

3. 简述 Flink 中流和表相互转换的应用场景。

实训题

1. 练习 Flink SQL 常用函数的使用方法。

2. 练习 Flink SQL 的分组聚合、关联表及窗口 API 的使用方法。

项目 7

Flink CEP 应用

 **项目导读**

　　CEP 是 Complex Event Processing（复杂事件处理）的英文首字母缩写。Flink CEP 是基于 Flink 实现的可以处理复杂事件的库。Flink CEP 是 Flink 的高级 API，可以从源源不断的无界的事件流中发现并提取用户关注的事件。关注的事件一般是指异常的事件，例如，用户在登录网站时连续出现失败的情况，或者温度传感器出现了连续的高温情况。在流式数据处理系统中，这些异常情况往往需要进行报警处理。虽然通过前面学习的知识可以解决这些问题，但是 Flink CEP 针对复杂事件提供了更易于使用的 API，大大提高了开发人员的开发效率。

思政目标

- 培养学生树立为人民服务的意识，成为有益于社会、有益于人民的人。

- 培养学生德、智、体、美全面发展的意识，成为有道德、有文化、有纪律的好公民。

 **教学目标**

- 理解 CEP 的原理。

- 掌握模式的定义方法。

- 掌握 Flink CEP 程序开发方法。

任务 1　Flink CEP 入门

【任务描述】

本任务主要介绍 Flink CEP 的应用。通过本任务的学习和实践，读者可以理解 CEP 的基本原理，掌握 Flink CEP API 的基本使用方法。

【知识链接】

1. 复杂事件处理

大数据应用领域存在业务逻辑非常复杂的应用系统，比如，一个应用要检测特定顺序先后发生的一组事件，对事件组进行分析或报警提示，若使用 SQL 或者 DataStream API 处理这类应用，过程相对来说比较复杂。例如，针对用户登录的应用场景，需要检测用户连续登录失败事件的发生。一次登录失败可以定义为一个事件，两次登录失败就可以定义为两个事件的组合。电商系统需要检测用户"下订单和支付"的行为，这也可以定义为组合事件，即"下订单"和"支付"两个事件的组合，这两个事件之间存在着时间先后的关系，"下订单"事件在"支付"事件之前完成，电商应用系统可能还会约定"下订单"事件和"支付"事件的时间限制，也就是说，如果"下订单"后超过了约定的时间没有"支付"，"支付"就失效了。类似这样多个事件的组合称为"复杂事件"。

对于复杂事件的处理，由于涉及事件的严格顺序，有时还有时间约束，很难直接用 Flink SQL 或者 DataStream API 来完成，即使使用这些 API 可以实现复杂事件的处理，实现的复杂度也会非常高，程序的可维护性也相对比较差。对于这类复杂事件的处理，Flink 提供了专门用于处理复杂事件的库 CEP，通过使用 CEP 提供的 API 进行开发，可以比较容易地解决这类问题。

2. CEP 简介

Flink CEP 是 Flink 提供的用于处理复杂事件的库。CEP 是针对流处理而言的，分析的是低延迟、频繁产生的事件流，主要目的是在无界流中检测特定的数据组合，以便进行后续处理。"复杂事件处理"可以在事件流中检测到特定的事件组合并进行处理，例如，"连续登录失败"或者"订单支付超时"这样的事件组合。处理过程是把事件流中的一个个简单事件，通过一定的规则匹配组合起来，构成"复杂事件"，然后基于这些满足规则的一组组复杂事件进行转换处理，得到结果并输出。

复杂事件处理的流程可以分成如下 3 个步骤。

（1）定义复杂事件的一个匹配规则。

（2）将匹配规则应用到事件流上，检测满足规则的复杂事件。

（3）对检测到的复杂事件进行处理，得到结果并输出。

图 7-1 展示了复杂事件处理的示意图。输入的事件流是不同的几何形状，如圆形、矩形和三角形。然后定义匹配规则"在圆形后面紧跟着三角形"，现在将这个规则应用到输入的事件流上，就可以检测到 3 组匹配的复杂事件，它们构成了一个新的"复杂事件流"，事件流中的数据就变成了一组一组的复杂事件，每个事件组合都包含了一个圆形和一个三角形。接下来就可以针对检测到的复杂事件进行后续处理，例如，输出一个提示信息或者报警信息。

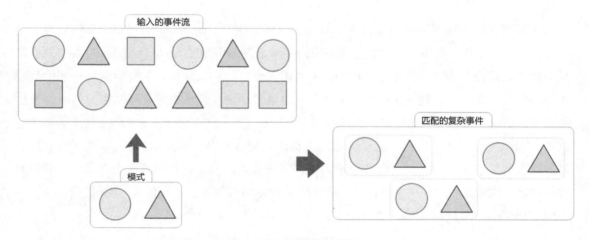

图 7-1　复杂事件处理示例

3．模式

基于 Flink CEP 开发程序的第一步是定义事件的匹配规则，这个匹配规则叫作"模式"（Pattern）。模式主要包括如下两部分内容。

● 简单事件的特征。例如，以上提到的不同形状的几何图形，不同的形状就是不同的特性。

● 简单事件之间的组合关系。事件之间的组合关系主要是指"近邻关系"，也就是说，一个事件跟着另一个事件出现的情况是否存在。"近邻关系"可以定义为严格的近邻关系，也可以定义为宽松的近邻关系。严格的近邻关系是指两个事件之间不存在任何其他事件，非严格的宽松的近邻关系是指两个事件之间允许存在其他事件，两个事件只需前后顺序正确就可以。

除了近邻关系以外，还可以扩展模式的功能，例如，匹配检测的时间限制；每个简单事件是否可以重复出现；对于事件可重复出现的模式，遇到一个匹配模式后是否跳过后面的匹配模式。如果在设定时间范围内没有满足匹配条件，就会导致模式匹配超时。

　　4．Flink CEP 应用场景

Flink CEP 主要用于实时流数据的分析处理。Flink CEP 可以帮助在复杂的事件流中找出那些有意义的事件组合，进而近实时地分析判断、输出信息或报警。Flink CEP 在企业项目的风控控制、用户画像和运维监控中都有非常重要的应用。

- 风险控制：设定行为模式对用户的异常行为进行实时监测。当用户行为符合异常行为模式，例如短时间内频繁登录失败、在电商网站大量下订单却不支付，就可以向用户发送报警提示，可以有效地控制用户和平台的风险。

- 用户画像：利用预先定义好的模式，对用户的行为轨迹进行实时跟踪，从而检测出具有特定行为习惯的用户，画出相应的用户画像。基于用户画像可以进行精准营销，即向行为匹配预定义规则的用户实时发送相应的营销推广。

- 运维监控：对于企业服务的运维管理，可以利用 CEP 灵活配置多指标、多依赖来实现更复杂的监控模式。

【任务实施】

Flink CEP 登录异常检测

用户登录是基本上所有的应用系统都涉及的功能，如果用户登录存在连续失败的情况，则有可能是某些用户攻击系统的行为，试图通过输入账号和密码登录系统。如果能在用户登录的日志中快速识别这种行为，对降低系统的风险是非常有用的。

如果将登录行为定义为事件，那么可以继续划分为登录成功和登录失败的事件，在当前的应用场景中，只需要关注登录失败的事件，"登录失败"就是模式的特征，同时在登录失败的事件中，又需要识别出多个相邻的事件，也就是事件的组合。

通过以上分析，对于登录事件提取的模式为：首先是登录事件中失败的事件，其次是连续出现多个登录失败事件。以下讲解如何基于 Flink CEP 实现这样的需求。

（1）使用 Flink CEP 提供的 API，需要在项目的 pom.xml 文件中添加相应的依赖包。

```xml
<dependency>
    <groupId>org.apache.flink</groupId>
    <artifactId>flink-cep-scala_${scala.binary.version}</artifactId>
    <version>${flink.version}</version>
</dependency>
```

（2）定义表示登录事件的样例类，登录事件主要包括用户 ID、IP 地址、事件类型、登录时间戳等。

```
/**
 * 登录事件
 *
 * @param userId    用户 ID
 * @param ipAddr    IP 地址
 * @param eventType 事件类型，success 表示登录成功，fail 表示登录失败
 * @param timestamp 登录时间戳
 */
case class LoginEvent(userId: String, ipAddr: String, eventType: String, timestamp: Long)
```

（3）定义数据源。

```
//读取数据源
val loginEventStream = env.fromElements(
  LoginEvent("zhangsan", "192.168.1.1", "fail", 2000L),
  LoginEvent("zhangsan", "192.168.1.2", "fail", 3000L),
  LoginEvent("lisi", "192.168.1.1", "fail", 4000L),
  LoginEvent("zhangsan", "192.168.1.5", "fail", 5000L),
  LoginEvent("lisi", "192.168.1.9", "success", 6000L),
  LoginEvent("lisi", "192.168.1.8", "fail", 7000L),
  LoginEvent("lisi", "192.168.1.2", "fail", 8000L)
    ).assignAscendingTimestamps(_.timestamp)
```

（4）定义模式。使用模式检测连续 3 次登录失败的事件。

定义模式可以使用 Pattern 类。第 1 个事件用 begin 方法表示模式的开始，模式中的每个登录事件调用 where 方法来指定约束条件，说明符合约束条件的事件的特征，登录失败的事件的 eventType 为 fail。在表示登录事件之间的关系时，这里使用了 next 方法。next 表示事件中间不能有登录成功的事件，这是严格近邻关系。next 方法的参数可以认为是当前简单事件的名称，如果检测到一组匹配的复杂事件，其中包括连续的 3 个登录失败事件，它们的名称分别是 firstLoginFail、secondLoginFail 和 thirdLoginFail。

```
//定义 Pattern，检测连续 3 次登录失败事件
val pattern = Pattern.begin[LoginEvent]("firstLoginFail").where(_.eventType == "fail")
//第 1 次登录失败事件
  .next("secondLoginFail ").where(_.eventType == "fail") //第 2 次登录失败事件
  .next("thirdLoginFail").where(_.eventType == "fail")    //第 3 次登录失败事件
```

（5）将 Pattern 应用到数据流上，检测满足规则的复杂事件。

因为检测连续登录失败的事件是针对同一个用户而言的，所以登录事件需要先按照用户进行分组，然后应用模式，检测到的事件会以 PatternStream 对象的形式返回。

```
//将模式应用到事件流上，检测匹配的复杂事件
val patternStream: PatternStream[LoginEvent] = CEP.pattern(loginEventStream.keyBy
(_.userId), pattern)
```

（6）对 PatternStream 进行转换处理，提取检测到的复杂事件。

PatternStream 的 select 方法会选择匹配的复杂事件。select 方法的参数是 PatternSelectFunction 对象。创建 PatternSelectFunction 对象需要重写 select 方法，这个方法可以获取到匹配的复杂事件。select 方法有一个类型为 Map<String, List<LoginEvent>>的参数 map，其中保存了检测到的登录事件，key 对应事件的名称，value 是 LoginEvent 的一个列表，匹配到的登录失败事件就保存在这个列表中。

```scala
//将检测到的匹配事件报警
val resultStream: DataStream[String] = patternStream.select(new PatternSelectFunction
[LoginEvent, String] {
    override def select(map: util.Map[String, util.List[LoginEvent]]): String = {
        //获取匹配到的复杂事件
        val firstFail = map.get("firstLoginFail").get(0)
        val secondFail = map.get("secondLoginFail").get(0)
        val thirdFail = map.get("thirdLoginFail").get(0)
        //返回报警信息
        s"${firstFail.userId}连续 3 次登录失败！时间: " +
          s" ${firstFail.timestamp}" +
          s", ${secondFail.timestamp}" +
          s", ${thirdFail.timestamp}"
    }
})
```

（7）运行程序并查看结果。由于 zhangsan 连续 3 次登录失败被检测到了，而 lisi 尽管也有 3 次登录失败，但中间有一次登录成功事件，所以不会被匹配到。

```
zhangsan 连续 3 次登录失败！时间: 2000，3000，5000
```

完整的程序如下。

```scala
package chapter7

import org.apache.flink.cep.PatternSelectFunction
import org.apache.flink.cep.scala.{CEP, PatternStream}
import org.apache.flink.cep.scala.pattern.Pattern
import org.apache.flink.streaming.api.scala._

import java.util

object CepTest1 {
  def main(args: Array[String]): Unit = {
    //创建运行环境
```

```
val env = StreamExecutionEnvironment.getExecutionEnvironment
//设置并行度
env.setParallelism(1)
//读取数据源
val loginEventStream = env.fromElements(
  LoginEvent("zhangsan", "192.168.1.1", "fail", 2000L),
  LoginEvent("zhangsan", "192.168.1.2", "fail", 3000L),
  LoginEvent("lisi", "192.168.1.1", "fail", 4000L),
  LoginEvent("zhangsan", "192.168.1.5", "fail", 5000L),
  LoginEvent("lisi", "192.168.1.9", "success", 6000L),
  LoginEvent("lisi", "192.168.1.8", "fail", 7000L),
  LoginEvent("lisi", "192.168.1.2", "fail", 8000L)
).assignAscendingTimestamps(_.timestamp)


//定义 Pattern，检测连续 3 次登录失败事件
val pattern = Pattern.begin[LoginEvent]("firstLoginFail").where(_.eventType ==
"fail") //第 1 次登录失败事件
    .next("secondLoginFail").where(_.eventType == "fail") //第 2 次登录失败事件
    .next("thirdLoginFail").where(_.eventType == "fail")   //第 3 次登录失败事件
//将模式应用到事件流上，检测匹配的复杂事件
val patternStream: PatternStream[LoginEvent] = CEP.pattern(loginEventStream.
keyBy(_.userId), pattern)
//将检测到的匹配事件报警
val resultStream: DataStream[String] = patternStream.select(new PatternSelect
Function[LoginEvent, String] {
    override def select(map: util.Map[String, util.List[LoginEvent]]): String = {
      //获取匹配到的复杂事件
      val firstFail = map.get("firstLoginFail").get(0)
      val secondFail = map.get("secondLoginFail").get(0)
      val thirdFail = map.get("thirdLoginFail").get(0)
      //返回报警信息
      s"${firstFail.userId}连续 3 次登录失败！时间：" +
        s" ${firstFail.timestamp}" +
        s", ${secondFail.timestamp}" +
        s", ${thirdFail.timestamp}"
    }
})
//输出流
resultStream.print()
//开始执行
env.execute()
  }
}
```

任务 2　Flink CEP 综合应用

【任务描述】

本任务主要介绍 Flink CEP 的综合应用。通过本任务的学习和实践，读者可以深入理解 Flink CEP 的基本原理，掌握 Flink CEP API 的使用方法。

【知识链接】

1. 个体模式

模式是将一组简单事件组合成复杂事件的匹配规则。由于流中事件的匹配是有先后顺序的，因此一个匹配规则就可以表达成先后发生的一个个简单事件，按顺序组合在一起。这里的每一个简单事件并不是任意选取的，需要有一定的条件规则，所以就把每个简单事件的匹配规则叫作"个体模式"。每个个体模式都以一个连接词开始定义，如 begin、next 等，这是 Pattern 对象的方法，返回的还是一个 Pattern 对象。begin、next 等方法都有一个 String 类型的参数，表示当前个体模式唯一的名称，在之后检测到匹配事件时，就会以这个名字来指代匹配事件。个体模式使用过滤条件来指定具体的匹配规则，这个条件一般是通过调用 where 方法实现的。

个体模式可以匹配接收一个事件，也可以接收多个事件。一个单独的匹配规则可能匹配到多个事件，通过给个体模式增加一个"量词"，就能够让它进行循环匹配，接收多个事件。

2. 量词

个体模式可以和"量词"结合使用，用来指定循环的次数。默认情况下，个体模式匹配接收一个事件，当定义量词之后，就变成循环模式，可以匹配接收多个事件。

在循环模式中，对同样特征的事件可以匹配多次。例如，定义个体模式为"匹配形状为圆形的事件"，再让它循环多次，就变成了"匹配连续多个圆形的事件"。这里的"连续"只要保证前后顺序即可，中间可以有其他事件，所以是宽松近邻关系。

在 Flink CEP 中，可以使用如下方法指定循环模式。

- oneOrMore：匹配事件出现一次或多次，pattern.oneOrMore 表示可以匹配 1 个或多个事件组合。
- times(times)：匹配事件发生特定次数，例如 pattern.times(3)表示匹配 3 次事件。
- times(fromTimes，toTimes)：指定匹配事件出现的次数范围，最小次数为 fromTimes，最大次数为 toTimes。例如 pattern.times(2, 4)可以匹配 2～4 次。

- greedy：只能用在循环模式后，使当前循环模式变成"贪心"模式，也就是尽可能多地匹配。

- optional：使当前模式成为可选的，也就是说可以满足这个匹配条件，也可以不满足。

对个体模式 pattern 来说，量词示例说明如表 7-1 所示。

表 7-1　量词示例说明

量词示例	说明
pattern.times(3)	匹配事件出现 3 次
pattern.times(4).optional	匹配事件出现 4 次，或者不出现
pattern.times(2, 4)	匹配事件出现 2 次、3 次或者 4 次
pattern.times(2, 4).greedy	匹配事件出现 2 次、3 次或者 4 次，并且尽可能多地匹配
pattern.times(2, 4).optional	匹配事件出现 2 次、3 次、4 次，或者不出现
pattern.times(2, 4).optional.greedy	匹配事件出现 2 次、3 次、4 次，或者不出现，并且尽可能多地匹配
pattern.oneOrMore	匹配事件出现 1 次或多次
pattern.oneOrMore.greedy	匹配事件出现 1 次或多次，并且尽可能多地匹配
pattern.timesOrMore(2)	匹配事件出现 2 次或多次
pattern.oneOrMore.optional	匹配事件出现 1 次或多次，或者不出现
pattern.oneOrMore.optional.greedy	匹配事件出现 1 次或多次，或者不出现，并且尽可能多地匹配
pattern.timesOrMore(2).greedy	匹配事件出现 2 次或多次，并且尽可能多地匹配
pattern.timesOrMore(2).optional	匹配事件出现 2 次或多次，或者不出现
pattern.timesOrMore(2).optional.greedy	匹配事件出现 2 次或多次，或者不出现，并且尽可能多地匹配

因为个体模式可以通过量词定义为循环模式，一个模式能够匹配到多个事件，所以之前代码中事件的检测接收才会用 Map 中的一个列表（List）来保存，而之前代码中没有定义量词，只会匹配一个事件，每个 List 也只有一个元素。

3. 条件

对于个体模式，匹配事件的核心在于定义匹配条件，也就是选取事件的规则。Flink CEP 会按照规则对流中的事件进行过滤，判断是否有满足条件的事件，对于条件的定义，主要是通过调用 Pattern 对象的 where 方法来实现的。条件主要分为简单条件、迭代条件、组合条件和终止条件等。此外，也可以调用 Pattern 对象的 subtype 方法来限定匹配事件的子类型。

- 限定子类型：调用 subtype 方法可以为当前模式增加子类型限制条件。例如，pattern.subtype(classOf[SubEvent])，其中，SubEvent 是流中数据类型 Event 的子类型，只有当事件是 SubEvent 类型时，才可以满足当前模式 pattern 的匹配条件。

- 简单条件：最简单的匹配规则，只根据当前事件的特征来判断，本质上就是过滤操作，在代码中为 where 方法传入一个 SimpleCondition 实例作为参数就可以实现。SimpleCondition 是表示简单条件的抽象类，内部有一个 filter 方法，参数是当前事件。

- 迭代条件：简单条件只能基于当前事件进行判断，在实际应用中，可能需要将当前事件跟之前的事件进行对比，才能判断出要不要接收当前事件。这种需要依靠之前事件来进行判断的条件就叫作"迭代条件"。Flink CEP 提供了 IterativeCondition 抽象类来实现迭代条件。在 IterativeCondition 中同样需要实现一个 filter 方法，这个方法有两个参数，除了当前事件之外，还有一个上下文变量 Context，调用这个上下文的 getEventsForPattern 方法，传入模式名称，就可以获取到这个模式中已匹配的所有数据。此外，迭代条件中的 Context 也可以获取与时间相关的信息，比如事件的时间戳和当前的处理时间。

- 组合条件：最简单的组合条件就是 where 方法后再调用 where 方法。所以每次调用 where 方法都相当于做一次过滤，连续多次调用 where 方法就表示多重过滤，最终匹配的事件自然就会同时满足所有条件，这相当于就是多个条件之间是 AND 的关系。而多个条件 OR 的关系，则可以通过 where 方法后调用 or 方法来实现，定义的条件只要满足一个，当前事件就可以成功匹配。

- 终止条件：对循环模式而言，还可以指定一个终止条件，表示遇到某个特定事件时，当前模式不再继续循环匹配。终止条件的定义是通过调用模式对象的 until 方法来实现的，同样传入一个 IterativeCondition 作为参数。需要说明的是，终止条件只能与 oneOrMore 或者 oneOrMore.optional 结合使用，因为在这种循环模式下，不知道后面还有没有事件可以匹配，只能把之前匹配的事件作为状态缓存，继续等待后续事件，如果一直等下去，缓存的状态越来越多，最终会耗尽内存。所以这种循环模式必须有个终点，当 until 方法指定的条件满足时，循环终止，这样就可以清空状态释放内存。

4. 组合模式及限制条件

在定义好个体模式以后，就可以按一定的顺序把它们组合起来，定义一个完整的复杂事件匹配规则。这种将很多个体模式组合起来的完整模式叫作"组合模式"。组合模式是使用具有先后顺序的"连接词"将个体模式串联起来得到的，在方法调用中，每个事件匹配的条件、各个事件之间的近邻关系都需要明确定义。每一个方法调用之后，返回的仍然是一个 Pattern 的对象。组合模式一般具有以下形式。

```
val pattern = Pattern
    .begin[Event]("start").where(...)
    .next("next").where(...)
    .followedBy("follow").where(...)
    ...
```

5. 初始模式

所有的组合模式都必须以一个"初始模式"开头，而初始模式必须通过调用 Pattern 的静态方法 begin 来创建。

```
val start = Pattern.begin[Event]("start")
```

这里调用 Pattern 的 begin 方法创建了一个初始模式，传入的 String 类型的参数就是模式的名称，而 begin 方法需要传入一个类型参数。这就是模式要检测流中事件的基本类型，调用的结果返回一个 Pattern 的对象实例。

6. 近邻条件

在初始模式之后，可以按照复杂事件的顺序追加模式，组成模式序列。模式之间的组合是通过一些"连接词"方法实现的，这些连接词指明了先后事件之间的近邻关系。Flink CEP 提供了如下 3 种近邻关系。

- 严格近邻：匹配的事件严格地按顺序一个接一个出现，中间不会有任何其他事件，在代码中对应的就是 Pattern 的 next 方法。

- 宽松近邻：宽松近邻只关心事件发生的顺序，而放宽了对匹配事件的"距离"要求，也就是说两个匹配的事件之间可以有其他不匹配的事件出现，在代码中对应的是 followedBy 方法。

- 非确定性宽松近邻：这种近邻关系更加宽松，所谓"非确定性"是指可以重复使用之前已经匹配过的事件。这种近邻条件下，匹配到的不同复杂事件可以以同一个事件作为开始，所以匹配结果一般会比宽松近邻更多，在代码中对应的是 followedByAny 方法。

7. 其他限制条件

除了上面提到的 next、followedBy、followedByAny 可以分别表示 3 种近邻条件以外，还可以用如下的否定的"连接词"来组合个体模式和指定时间限制。

- notNext：表示前一个模式匹配到的事件后面不能紧跟着某个事件。

- notFollowedBy：表示前一个模式匹配到的事件后面不会出现某个事件。由于 notFollowedBy 是没有严格限定的，流数据不停地到来，永远不能保证之后"不会出现某个事件"。所以一个模式序列不能以 notFollowedBy 结尾。这个限定条件主要用来表示两个事件中间不会出现某个事件。

- within：为模式指定一个时间限制，需要为方法传入一个时间参数，用于指定模式序列中第一个事件到最后一个事件之间的最大时间间隔，只有在这期间成功匹配的复杂事件才是有效的。

8. 循环模式中的近邻条件

之前讨论的都是模式序列中的限制条件，主要用来指定前后发生的事件之间的近邻关系。而循环模式虽说是个体模式，却也可以匹配多个事件，那这些事件之间自然也会涉及近邻关系的讨论。在循环模式中，近邻关系同样有 3 种——严格近邻、宽松近邻以及非确定性宽松近邻。对于定义了量词的循环模式，默认内部采用的是宽松近邻。也就是说，当循环匹配多个事件时，它们中间是可以有其他不匹配事件的。

- consecutive：为循环模式中的匹配事件增加严格的近邻条件，保证所有匹配事件是严格连续的。也就是说，一旦中间出现了不匹配的事件，当前循环检测就会终止。
- allowCombinations：除了严格近邻以外，也可以为循环模式中的事件指定非确定性宽松近邻条件，表示可以重复使用已经匹配的事件，这需要调用 allowCombinations 方法来实现。

9. 模式检测处理

利用模式 API 定义好模式后，还需要将模式应用到事件流上，检测提取匹配的复杂事件并定义处理转换的方法，最终得到想要的输出信息。

1）将模式应用到事件流

将模式应用到事件流上，只要调用 CEP 类的静态方法 pattern，将 DataStream 和 Pattern 作为两个参数传入就可以了，最终得到的是一个 PatternStream 对象。这里的 DataStream 也可以是通过 keyBy 算子进行按键分区得到的 KeyedStream 对象，接下来对复杂事件的检测就会针对不同的 Key 单独进行。

模式中定义的复杂事件发生时有先后顺序，这里"先后"的判断标准取决于具体的时间语义。默认情况下使用事件时间，事件会以各自的时间戳进行排序，如果是处理时间语义，那么所谓先后就是数据到达的顺序。对于时间戳相同或同时到达的事件，还可以在 CEP.pattern 方法中传入一个比较器作为第 3 个参数，用来进行更精确的排序。

```
val inputStream = ...
val pattern = ...
    val patternStream = CEP.pattern(inputStream, pattern)
```

2）检测匹配的事件

在获得 PatternStream 后，接下来要做的就是对匹配事件的检测处理。基于 PatternStream 可以调用一些转换方法，对匹配的复杂事件进行检测和处理，并最终得到一个 DataStream。

PatternStream 的转换操作主要分成两种：简单的 select（选择）操作和更加通用的 process（处理）操作。具体实现是在调用 API 时传入一个函数类：选择操作传入的是一个 PatternSelectFunction 对象，处理操作传入的则是一个 PatternProcessFunction 对象。

3）处理超时事件

复杂事件的检测结果一般只有两种：要么匹配，要么不匹配。检测处理的过程具体是：如果当前事件符合模式匹配的条件，就接收该事件，保存到对应的 Map 中。如果在模式序列定义中，当前事件后面还应该有其他事件，就继续读取事件流进行检测，当模式序列的定义已经全部满足，表示成功检测到一组匹配的复杂事件，可以继续后续的处理。

如果当前事件不符合模式匹配的条件，就丢弃该事件。如果当前事件破坏了模式序列中定义的限制条件，比如不满足严格近邻要求，那么将丢弃当前已检测的一组部分匹配事件，重新开始检测。

如果使用 within 方法指定了模式检测的时间间隔，当超出这个时间时，当前这组检测就应该失败。然而这种"超时失败"和"匹配失败"不同，它其实是一种"部分成功匹配"。因为只有在开头能够正常匹配的前提下，没有等到后续的匹配事件才会超时，所以往往不应该直接丢弃这类事件，而是要输出一个提示或报警信息，这就要求开发者捕获并处理超时事件。

【任务实施】

1. Flink CEP 登录异常检测功能扩展

在本项目登录异常检测案例的基础上进行功能扩展，检测指定时间内登录失败 2 次和 3 次的用户记录。主要实现步骤如下。

（1）从数据源读取数据。

```
//读取数据
val loginEventStream = env.fromElements(
  LoginEvent("zhangsan", "192.168.0.1", "fail", 2000L),
  LoginEvent("zhangsan", "192.168.0.2", "fail", 3000L),
  LoginEvent("lisi", "192.168.1.9", "fail", 4000L),
  LoginEvent("zhangsan", "192.168.1.10", "fail", 5000L),
  LoginEvent("lisi", "192.168.1.9", "fail", 7000L),
  LoginEvent("lisi", "192.168.1.9", "fail", 8000L),
  LoginEvent("lisi", "192.168.1.9", "success", 6000L)
).assignTimestampsAndWatermarks(WatermarkStrategy.forBoundedOutOfOrderness(Duration.
ofSeconds(2))
    .withTimestampAssigner(new SerializableTimestampAssigner[LoginEvent] {
      override def extractTimestamp(t: LoginEvent, l: Long): Long = t.timestamp
      }))
```

（2）定义模式。检测 5s 内连续登录失败 2 到 3 次的事件。

- 使用 where(_.eventType == "fail")方法匹配到登录失败的事件，times(2,3)匹配 2 到 3 次的失败记录。

- consecutive 方法匹配连续事件。

- within(Time.seconds(5))方法匹配 5s 内的事件。

```
//定义 Pattern, 检测连续 2 到 3 次登录失败事件
val pattern = Pattern.begin[LoginEvent]("fail")
  .where(_.eventType == "fail").times(2,3).consecutive()
    .within(Time.seconds(5))
```

（3）将模式应用到事件流，检测匹配的复杂事件。

```
//将模式应用到事件流，检测匹配的复杂事件
val patternStream: PatternStream[LoginEvent] = CEP.pattern(loginEventStream.keyBy(_.
userId), pattern)
```

（4）将检测到的匹配事件报警输出。输出连续 2 次和连续 3 次失败的登录失败记录。

```
//将检测到的匹配事件报警输出
val resultStream: DataStream[String] = patternStream.process(new PatternProcessFunction
[LoginEvent, String] {
    override def processMatch(map: util.Map[String, util.List[LoginEvent]], context:
PatternProcessFunction.Context, collector: Collector[String]): Unit = {
        val eventList=map.get("fail")
        //获取匹配到的复杂事件
        val firstFail = eventList.get(0)
        val secondFail = eventList.get(1)
        if(eventList.size>2){
            val thirdFail = eventList.get(2)
            collector.collect(s"${firstFail.userId} 连续3次登录失败!时间:${firstFail.timestamp},
${secondFail.timestamp}, ${thirdFail.timestamp}")
        }else{
            collector.collect(s"${firstFail.userId} 连续2次登录失败!时间:${firstFail.timestamp},
${secondFail.timestamp}")
        }
    }
})
```

（5）运行程序并查看结果。结果如下。

```
zhangsan 连续 2 次登录失败！时间：2000, 3000
zhangsan 连续 3 次登录失败！时间：2000, 3000, 5000
zhangsan 连续 2 次登录失败！时间：3000, 5000
lisi 连续 2 次登录失败！时间：7000, 8000
```

完整的程序代码如下。

```
package chapter7

import org.apache.flink.api.common.eventtime.{SerializableTimestampAssigner, Watermark
Strategy}
import org.apache.flink.cep.functions.PatternProcessFunction
```

```scala
import org.apache.flink.cep.scala.pattern.Pattern
import org.apache.flink.cep.scala.{CEP, PatternStream}
import org.apache.flink.streaming.api.scala._
import org.apache.flink.streaming.api.windowing.time.Time
import org.apache.flink.util.Collector

import java.time.Duration
import java.util

object CepTest2 {
  def main(args: Array[String]): Unit = {
    //创建运行环境
    val env = StreamExecutionEnvironment.getExecutionEnvironment
    //设置并行度
    env.setParallelism(1)
    //读取数据
    val loginEventStream = env.fromElements(
      LoginEvent("zhangsan", "192.168.0.1", "fail", 2000L),
      LoginEvent("zhangsan", "192.168.0.2", "fail", 3000L),
      LoginEvent("lisi", "192.168.1.9", "fail", 4000L),
      LoginEvent("zhangsan", "192.168.1.10", "fail", 5000L),
      LoginEvent("lisi", "192.168.1.9", "fail", 7000L),
      LoginEvent("lisi", "192.168.1.9", "fail", 8000L),
      LoginEvent("lisi", "192.168.1.9", "success", 6000L)
    ).assignTimestampsAndWatermarks(WatermarkStrategy.forBoundedOutOfOrderness(Duration.
ofSeconds(2))
        .withTimestampAssigner(new SerializableTimestampAssigner[LoginEvent] {
          override def extractTimestamp(t: LoginEvent, l: Long): Long = t.timestamp
        }))
    //定义 Pattern，检测连续 2 到 3 次登录失败事件
    val pattern = Pattern.begin[LoginEvent]("fail")
      .where(_.eventType == "fail").times(2,4).consecutive()
      .within(Time.seconds(5))
    //将模式应用到事件流上，检测匹配的复杂事件
    val patternStream: PatternStream[LoginEvent] = CEP.pattern(loginEventStream.keyBy
(_.userId), pattern)
    //将检测到的匹配事件报警输出
    val resultStream: DataStream[String] = patternStream.process(new PatternProcess
Function[LoginEvent, String] {
      override def processMatch(map: util.Map[String, util.List[LoginEvent]], context:
PatternProcessFunction.Context, collector: Collector[String]): Unit = {
        val eventList=map.get("fail")
        //获取匹配到的复杂事件
        val firstFail = eventList.get(0)
        val secondFail = eventList.get(1)
```

```
        if(eventList.size>2){
            val thirdFail = eventList.get(2)
            collector.collect(s"${firstFail.userId} 连续3次登录失败!时间:${firstFail.timestamp},
${secondFail.timestamp}, ${thirdFail.timestamp}")
        }else{
            collector.collect(s"${firstFail.userId} 连续2次登录失败!时间:${firstFail.
timestamp}, ${secondFail.timestamp}")
        }
    }
})
//输出流
resultStream.print()
//开始执行
env.execute()
    }
}
```

2. Flink CEP 异常订单检测

下面讲解在电商系统中常见的异常订单检测的应用场景。在电商系统中，用户下订单和支付是两个不同的环节，有的用户下了订单可能还会有一段思考时间，下订单后并不会立即支付，当拖延一段时间后，用户支付的意愿可能会降低，同时由于商品的数量是有限的，如果用户迟迟不支付订单，也会影响商家的利益，因此为了提高订单到支付的转化率，电商网站往往会对订单状态进行监控，设置一个失效时间，超过了有效时间，订单就会被取消。异常订单检测功能的实现步骤如下。

（1）创建订单样例类。

订单样例类的主要属性如下。

- userId：用户 ID。

- orderId：订单 ID。

- eventType：事件类型（create：创建订单；modify：修改订单；pay：支付订单）。

- timestamp：时间戳。

```
package chapter7

/**
 * 订单事件
 * @param userId 用户 ID
 * @param orderId 订单 ID
 * @param eventType 事件类型
 * @param timestamp 时间戳
```

```
*/
    case class OrderEvent(userId: String, orderId: String, eventType: String, timestamp: Long)
```

（2）读取订单数据，按照订单 ID 进行分组，使用 keyBy(_.orderId)实现。

```
//读取数据
val orderEventStream = env.fromElements(
  OrderEvent("zhangsan", "order1", "create", 1*1000L),
  OrderEvent("lisi", "order2", "create", 2*1000L),
  OrderEvent("zhangsan", "order1", "modify", 10 * 1000L),
  OrderEvent("zhangsan", "order1", "pay", 60 * 1000L),
  OrderEvent("lisi", "order3", "create", 10 * 60 * 1000L),
  OrderEvent("lisi", "order3", "pay", 20 * 60 * 1000L)
).assignAscendingTimestamps(_.timestamp)
  //按照订单分组
  .keyBy(_.orderId)
```

（3）定义检测的模式。

首先查找事件类型为 create 的订单。这种类型的订单是用户的下单行为。用户支付以后的订单类型为 pay。用户下单和用户支付订单存在先后顺序，这种先后顺序不是严格的近邻关系，因为用户下单以后还可以修改或取消订单，所以使用 followedBy 方法更符合需求。用户下单和支付的时间间隔超过指定时间后，订单就会失效。使用 within 方法设置有效时间。

```
//定义检测的模式
val pattern = Pattern.begin[OrderEvent]("create")
  //从事件类型为 create 的订单开始
  .where(_.eventType == "create")
  //已经支付的订单
  .followedBy("pay").
  where(_.eventType == "pay")
  .within(Time.minutes(15))
```

（4）将模式应用到数据流，对异常订单进行检测。

```
//将模式应用到事件流
val patternStream = CEP.pattern(orderEventStream, pattern)
```

（5）定义订单检测处理类。

OrderPayDetect 类的 processMatch 方法可以处理正常支付的事件，而 processTimedOutMatch 方法可以处理超时支付的事件。为简便起见，在以下代码实现中，无论正常支付还是超时支付的事件都直接输出结果。在实际的应用中，超时的事件会对订单进行后续的处理，如取消订单操作。

```
//订单检测处理类
class OrderPayDetect extends PatternProcessFunction[OrderEvent, String] with Timed
OutPartialMatchHandler[OrderEvent]{
```

```scala
    override def processMatch(map: util.Map[String, util.List[OrderEvent]], context:
PatternProcessFunction.Context, collector: Collector[String]): Unit = {
        //处理正常支付的匹配事件
        val payEvent = map.get("pay").get(0)
        collector.collect(s"${payEvent.userId}的订单${payEvent.orderId}已支付")
    }
    override def processTimedOutMatch(map: util.Map[String, util.List[OrderEvent]],
context: PatternProcessFunction.Context): Unit = {
        //处理部分匹配的超时事件
        val createEvent = map.get("create").get(0)
        context.output(new OutputTag[String]("timeout"), s"${createEvent.userId}的订单
${createEvent.orderId}超时未支付")
    }
}
```

（6）检测匹配事件和超时事件。

```scala
//检测匹配事件和超时事件
 val payedOrderStream = patternStream.process(new OrderPayDetect())
```

（7）将超时的订单发送到侧输出流，然后调用 getSideOutput 方法获取侧输出流，并调用 print 方法进行输出。

```scala
//输出侧输出流
 payedOrderStream.getSideOutput(new OutputTag[String]("timeout")).print("timeout")
```

（8）调用 print 方法输出正常支付流。

```scala
//输出正常支付流
 payedOrderStream.print("pay")
```

（9）运行程序并查看结果。结果如下。

```
pay> zhangsan 的订单 order1 已支付
pay> lisi 的订单 order3 已支付
timeout> lisi 的订单 order2 超时未支付
```

完整的程序代码如下。

```scala
package chapter7

import org.apache.flink.cep.functions.{PatternProcessFunction, TimedOutPartialMatch
Handler}
import org.apache.flink.cep.scala.CEP
import org.apache.flink.cep.scala.pattern.Pattern
import org.apache.flink.streaming.api.scala._
import org.apache.flink.streaming.api.windowing.time.Time
import org.apache.flink.util.Collector
```

```scala
import java.util

object OrderTimeoutDetect {

  def main(args: Array[String]): Unit = {
    val env = StreamExecutionEnvironment.getExecutionEnvironment
    env.setParallelism(1)

    //读取数据
    val orderEventStream = env.fromElements(
      OrderEvent("zhangsan", "order1", "create", 1*1000L),
      OrderEvent("lisi", "order2", "create", 2*1000L),
      OrderEvent("zhangsan", "order1", "modify", 10 * 1000L),
      OrderEvent("zhangsan", "order1", "pay", 60 * 1000L),
      OrderEvent("lisi", "order3", "create", 10 * 60 * 1000L),
      OrderEvent("lisi", "order3", "pay", 20 * 60 * 1000L)
    ).assignAscendingTimestamps(_.timestamp)
        //按照订单分组
        .keyBy(_.orderId)

    //定义检测的模式
    val pattern = Pattern.begin[OrderEvent]("create")
      //从事件类型为 create 的订单开始
      .where(_.eventType == "create")
      //已经支付的订单
      .followedBy("pay").
      where(_.eventType == "pay")
      .within(Time.minutes(15))

    //将模式应用到事件流
    val patternStream = CEP.pattern(orderEventStream, pattern)

    //检测匹配事件和部分匹配的超时事件
    val payedOrderStream = patternStream.process(new OrderPayDetect())
    //输出侧输出流
    payedOrderStream.getSideOutput(new OutputTag[String]("timeout")).print("timeout")
    //输出正常支付流
    payedOrderStream.print("pay")
    //开始执行
    env.execute()
  }
  //订单检测处理类
  class OrderPayDetect extends PatternProcessFunction[OrderEvent, String] with TimedOutPartialMatchHandler[OrderEvent]{
    override def processMatch(map: util.Map[String, util.List[OrderEvent]], context:
PatternProcessFunction.Context, collector: Collector[String]): Unit = {
      //处理正常支付的匹配事件
```

```
        val payEvent = map.get("pay").get(0)
        collector.collect(s"${payEvent.userId}的订单${payEvent.orderId}已支付")
      }
      override def processTimedOutMatch(map: util.Map[String, util.List[OrderEvent]],
context: PatternProcessFunction.Context): Unit = {
        //处理部分匹配的超时事件
        val createEvent = map.get("create").get(0)
        context.output(new OutputTag[String]("timeout"), s"${createEvent.userId}的订
单${createEvent.orderId}超时未支付")
      }
    }
  }
```

项目小结

本项目通过 2 个任务由浅入深地讲解了 Flink CEP 的入门及综合应用。本项目主要包括以下内容。

- Flink CEP 是 Flink 提供的用于处理复杂事件的库。CEP 是针对流处理而言的，分析的是低延迟、频繁产生的事件流，主要目的是在无界流中检测出特定的数据组合，以便进行后续处理。

- 复杂事件处理的流程可以分成 3 个步骤：定义复杂事件的一个匹配规则；将匹配规则应用到事件流上，检测满足规则的复杂事件；对检测到的复杂事件进行处理，得到结果并输出。

- 基于 Flink CEP 开发程序需要定义"模式"（Pattern）。模式主要包含两部分内容——简单事件的特征和简单事件之间的组合关系。

- 超时事件处理。"超时失败"和"匹配失败"不同，它其实是一种"部分成功匹配"，所以往往不应该直接丢弃这类事件，而是要输出一个提示或报警信息，这就要求开发者捕获并处理超时事件。

思考与练习

理论题

一、选择题（单选）

1. Flink 中用于复杂事件处理的类库是。（　　　）

（A）Flink SQL　　　　　（B）DataStream

（C）Flink Table　　　　　（D）Flink CEP

2．Flink CEP 所有的组合模式都必须以一个"初始模式"开头，而初始模式必须通过调用 Pattern 哪个方法实现。（　　　）

（A）filter　　　　　（B）begin

（C）where　　　　　（D）times

3．在模式中定义的某个事件 A 后面要紧跟着事件 B，事件 A 和事件 B 之间不存在其他事件，这种近邻关系称为。（　　　）

（A）严格近邻关系　　　　　（B）不严格近邻关系

（C）互不关联　　　　　（D）松散的近邻关系

二、填空题

1．在 Flink CEP 的模式中，匹配严格的近邻关系使用的方法是_____。

2．在 Flink CEP 的模式中，匹配 2 到 4 次事件使用的方法是_____。

3．在 Flink CEP 的模式中，只匹配 5s 内的事件使用的方法是_____。

三、简答题

1．针对本项目中的案例简述异常订单检测的意义。

2．简述复杂事件处理的基本流程。

3．简述简单事件的几种近邻关系。

4．简述在 Flink CEP 中是如何处理迟到数据的。

实训题

练习 Flink CEP 的使用方法。

项目 8

Flink 集成 Kafka 应用

 **项目导读**

  Kafka 是由 Apache 软件基金会开源的流处理平台，是一种高吞吐量的分布式发布订阅消息系统，在工业界应用非常广泛。流式应用架构常用的方法是将 Flink 和 Kafka 进行整合，形成完整的流数据处理管道。Flink 与 Kafka 的集成方法一般有两种：一是 Flink 作为 Kafka 的生产者，将流式数据写入 Kafka 中；二是 Flink 作为 Kafka 的消费者，从 Kafka 中读取流式数据。本项目将详细讲解 Flink 与 Kafka 的整合方式。

思政目标

- 培养学生学思结合、知行统一的人格。
- 培养学生爱岗敬业，做有理想信念的好公民。

 **教学目标**

- 掌握 Kafka 常用操作。
- 掌握 Flink 与 Kafka 的集成方法。

任务 1　Kafka 集群安装及常用操作

【任务描述】

本任务主要介绍 Kafka 集群安装以及 Kafka 常用操作。通过本任务的学习和实践，读者可以理解 Kafka 的基本原理，掌握 Kafka 集群的安装方法，掌握 Kafka 常用的操作方法。

【知识链接】

1. Kafka 简介

Apache Kafka 是分布式发布订阅消息系统。它最初由 LinkedIn 公司开发，之后成为 Apache 项目的一部分。Kafka 是一种快速的、可扩展的、分布式的、分区的和可复制的消息服务中间件。Kafka 的主要特点如下。

- 高吞吐量，低延迟：kafka 每秒可以处理几十万条消息，它的延迟最低只有几毫秒。

- 持久可靠性：消息被持久化到本地磁盘，并且支持数据备份，防止数据丢失。

- 容错性：Kafka 允许集群中节点失效，通过副本机制，当节点失效时，整个集群依然可以对外提供服务。

- 高并发：Kafka 支持数千个客户端同时读写数据，具有非常高的性能。

2. Kafka 应用场景

在工业界，Kafka 应用非常广泛，主要的应用场景如下。

- 消息系统：Kafka 和传统的消息系统（也称作消息中间件）都具备系统解耦、冗余存储、流量削峰、缓冲、异步通信、扩展性、可恢复性等功能。与此同时，Kafka 还提供了大多数消息系统难以实现的消息顺序性保障及回溯消费的功能。

- 存储系统：Kafka 把消息持久化到磁盘，相比于其他基于内存存储的系统而言，这种方式可以有效地降低数据丢失的风险。也正是得益于 Kafka 的消息持久化功能和多副本机制，可以把 Kafka 用作长期的数据存储系统。只需要把对应的数据保留策略设置为"永久"或启用主题的日志压缩功能即可。

- 流式处理平台：Kafka 不仅为每个流行的流式处理框架提供了可靠的数据来源，而且具有一个完整的流式处理类库，比如窗口、连接、变换和聚合等各类操作。

3. Kafka 基本概念

Kafka 是分布式的基于发布订阅模式的消息系统，消息的生产者将消息写入 Kafka 的主题中，订阅了相应主题的消费者可以从 Kafka 中读取消息，如图 8-1 所示。

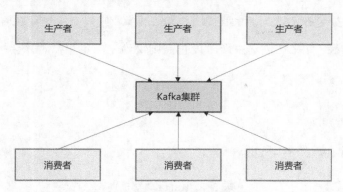

图 8-1　Kafka 基本概念示意

- 生产者：可以将数据发布到所选择的主题（topic）中。生产者负责将记录分配到主题的哪一个分区（partition）中。

- 消费者：通过一个"消费组"名称进行标识，发布到主题中的每条记录被分配给订阅消费组中的一个消费者实例。消费者实例可以分布在多个进程中或者多台机器上。如果所有的消费者实例在同一消费组中，消息记录会将负载平衡到每一个消费者实例。如果所有的消费者实例在不同的消费组中，每条消息记录会广播到所有的消费者进程。

- 主题：数据记录发布的地方，可以用来区分业务系统。Kafka 中的主题是多订阅者模式，一个主题可以拥有一个或者多个消费者。

4.　Kafka 基本操作

操作 Kafka 主题的命令对应的脚本是 kafka-topcis.sh，直接执行这个脚本可以看到相关的参数说明。由于参数比较多，下面仅列出一些常用的。

- --bootstrap-server <String: server to connect to>：连接的 Kafka broker 主机名称和端口。

- -topic <String: topic>：操作的主题名称。

- -create：创建主题。

- -delete：删除主题。

- -alter：修改主题。

- -list：查看所有主题。

- -describe：查看主题详细描述。

- -partitions <Integer: # of partitions>：设置分区数。

- -replication-factor <Integer: replication factor>：设置分区副本。

- -config <String: name=value>：更新系统默认的配置。
- -if-exists：如果在更改、删除或描述主题时设置，则仅当主题存在时才会执行该操作。
- -if-not-exists：如果在创建主题时设置，则仅当主题不存在时才会执行该操作。

【任务实施】

1. Kafka 集群规划

Kafka 集群规划如表 8-1 所示。

表 8-1　Kafka 集群规划

主机名	IP 地址	说明
hadoop1	192.168.68.128	Kafka、ZooKeeper
hadoop2	192.168.68.129	Kafka、ZooKeeper
hadoop3	192.168.68.130	Kafka、ZooKeeper

可以先在一台服务器节点安装和配置 Kafka，然后通过远程复制的方式在其他节点安装 Kafka。下面首先介绍 Kafka 在单服务器节点上的安装。

2. Kafka 单服务器节点安装

（1）将 Kafka 的安装包解压缩到指定的目录中。

```
[hadoop@hadoop1 ~]$ tar -zxvf /opt/soft/kafka_2.11-2.4.1.tgz -C /opt/module
```

（2）解压缩后的文件名称 kafka_2.11-2.4.1 比较长，为了使用方便，可以对文件夹进行改名，修改后的名称为 kafka。

```
[hadoop@hadoop1 ~]$ mv /opt/module/kafka_2.11-2.4.1/ /opt/module/kafka
```

（3）切换到 Kafka 安装文件夹。

```
[hadoop@hadoop1 ~]$ cd /opt/module/kafka
```

（4）在 Kafka 安装文件夹下创建 logs 文件夹，用于保存 Kafka 的日志文件。

```
[hadoop@hadoop1 kafka]$ mkdir logs
```

（5）进入 Kafka 安装文件夹下的 config 文件夹。

```
[hadoop@hadoop1 kafka]$ cd config
```

（6）编辑 server.properties 文件，主要的配置内容如下。配置完成后保存文件。

```
[hadoop@hadoop1 config]$ vi server.properties

#broker 的全局唯一编号，不能重复
```

```
broker.id=0
#删除 topic 功能使能
delete.topic.enable=true
#处理网络请求的线程数量
num.network.threads=3
#用来处理磁盘 I/O 的现成数量
num.io.threads=8
#发送套接字的缓冲区大小
socket.send.buffer.bytes=102400
#接收套接字的缓冲区大小
socket.receive.buffer.bytes=102400
#请求套接字的缓冲区大小
socket.request.max.bytes=104857600
#Kafka 运行日志存放的路径
log.dirs=/opt/module/kafka/logs
#topic 在当前 broker 上的分区个数
num.partitions=1
#用来恢复和清理 data 下数据的线程数量
num.recovery.threads.per.data.dir=1
#segment 文件保留的最长时间，超时将被删除
log.retention.hours=168
#配置连接 ZooKeeper 集群地址
zookeeper.connect=hadoop1:2181,hadoop2:2181,hadoop3:2181/kafka
```

（7）编辑/etc/profile 文件。将 Kafka 的安装文件夹下的 bin 文件夹加入环境变量中，方便在任意路径下运行 Kafka 命令。

```
[hadoop@hadoop1 ~]$ sudo vi /etc/profile
```

```
#kafka
export KAFKA_HOME=/opt/module/kafka
export PATH=$PATH:$KAFKA_HOME/bin
```

（8）执行 source 命令，使得/etc/profile 文件立即生效。

```
[hadoop@hadoop1 ~]$ source /etc/profile
```

3．Kafka 集群安装

在单服务器节点安装 Kafka 以后，可以在集群的其他节点进行同样方法的安装，或者通过 xrsync 命令将 Kafka 安装目录下的文件复制到其他节点。

编辑 Kafka 安装目录下面的 config/server.properties 文件，只需要修改 broker.id 配置项，要保证每个节点的 broker.id 是唯一的，其他的配置项不需要修改。

hadoop2 节点的 broker 如下。

```
#broker 的全局唯一编号，不能重复
broker.id=1
```

hadoop3 节点的 broker 如下。

```
#broker 的全局唯一编号，不能重复
broker.id=2
```

4. 启动、停止 Kafka 集群

若要启动 Kafka 集群，首先启动 ZooKeeper 集群。启动 Kafka 集群就是在集群中所有的节点启动 Kafka。

（1）启动集群。分别启动各服务器节点的 Kafka 服务。

```
[hadoop@hadoop1 ~]$ kafka-server-start.sh -daemon $KAFKA_HOME/config/server.properties

[hadoop@hadoop2 ~]$ kafka-server-start.sh -daemon $KAFKA_HOME/config/server.properties

[hadoop@hadoop3 ~]$ kafka-server-start.sh -daemon $KAFKA_HOME/config/server.properties
```

（2）关闭集群。分别关闭各服务器节点的 Kafka 服务。

```
[hadoop@hadoop1 ~]$ kafka-server-stop.sh

[hadoop@hadoop2 ~]$ kafka-server-stop.sh

[hadoop@hadoop3 ~]$ kafka-server-stop.sh
```

5. Kafka 基本操作

创建主题。创建 Kafka 主题，需要连接 ZooKeeper，然后将主题保存到 ZooKeeper 中。主要的选项说明如下。

- --zookeeper：Kafka 信息在 ZooKeeper 中的保存位置。
- --create：操作主题的方式是"创建"。
- --replication-factor：副本因子，设置同一份数据保存多少个副本。
- --partitions：数据分区数。
- --topic：主题名称。

（1）运行下面的命令，创建名称为 mytopic 的主题。

```
[hadoop@hadoop1 ~]$ kafka-topics.sh --zookeeper hadoop1:2181/kafka --create --replication
-factor 1 --partitions 1 --topic mytopic
```

（2）创建主题完成后，一般需要查看主题列表，验证主题是否创建成功。

```
[hadoop@hadoop1 ~]$ kafka-topics.sh --zookeeper hadoop1:2181/kafka --list
__consumer_offsets
mytopic
```

创建主题后，需要验证一下主题是否可用。最简单的验证方法是向主题发送消息及从主题中读取消息。Kafka 提供了控制台生产者命令（kafka-console-producer.sh）和控制台消费者命令（kafka-console-consumer.sh），可以通过运行这两个命令读写 Kafka 的消息。

（3）运行控制台生产者命令，准备向 mytopic 主题发送消息。

```
[hadoop@hadoop1 ~]$ kafka-console-producer.sh --broker-list hadoop1:9092 --topic mytopic
```

（4）运行控制台消费者命令，准备读取 mytopic 主题的消息。

```
[hadoop@hadoop1 ~]$ kafka-console-consumer.sh --bootstrap-server hadoop1:9092 --from
-beginning --topic mytopic
```

（5）向 mytopic 主题发送消息。

```
[hadoop@hadoop1 ~]$ kafka-console-producer.sh --broker-list hadoop1:9092 --topic mytopic
>hello kafka
>
```

（6）在控制台消费者命令下面会显示接收到的 mytopic 主题的消息。

```
[hadoop@hadoop1 ~]$ kafka-console-consumer.sh --bootstrap-server hadoop1:9092 —from
-beginning --topic mytopic
hello kafka
```

任务 2　Flink 和 Kafka 集成

【任务描述】

本任务主要介绍 Flink 和 Kafka 集成的方法。通过本任务的学习和实践，读者可以了解 Flink 和 Kafka 集成的基本原理，掌握 Flink 和 Kafka 集成的基本方法。

【知识链接】

Flink 和 Kafka 集成方法

Flink 和 Kafka 的集成方法一般有两种：一是，Flink 读取 Kafka 的数据，此时 Kafka 作为 Flink 的数据源；二是，将 Flink 处理后的结果数据写入 Kafka，此时 Kafka 作为 Flink 的输出。

实现读取 Kafka 的消息的功能。可以使用 FlinkKafkaConsumer 对象作为数据源。

```
//添加数据源
val stream: DataStream[String] = env.addSource(new FlinkKafkaConsumer[String](topic,
            new SimpleStringSchema(), properties))
```

实现将 Flink 数据流写入 Kafka 的功能。可以使用 FlinkKafkaProducer 对象作为输出。

```
//Kafka 的连接
val brokerList="hadoop1:9092"
//Kafka 的主题
val topic="flink-kafka-sink"
//将数据写入 Kafka
stream2.addSink(new FlinkKafkaProducer[String](brokerList, topic, new SimpleStringSchema()))
```

【任务实施】

1. Flink 读取 Kafka 消息

Flink 读取 Kafka 消息的步骤如下。

（1）在 Kafka 中创建名称为 flink-kafka-source 的主题。

```
[hadoop@hadoop1 ~]$ kafka-topics.sh --zookeeper hadoop1:2181/kafka --create --replication-
factor 1 --partitions 1 --topic flink-kafka-source
```

（2）创建主题完成后，查看主题列表，验证主题是否创建成功。

```
[hadoop@hadoop1 ~]$ kafka-topics.sh --zookeeper hadoop1:2181/kafka --list
__consumer_offsets
flink-kafka-source
mytopic
```

（3）使用 Flink 连接 Kafka。需要配置连接 Kafka 服务的地址、消费者组名称、主题名称等信息。

```
//连接 Kafka 服务的地址
properties.setProperty("bootstrap.servers", "hadoop1:9092")
//消费者组名称
properties.setProperty("group.id", "group1")
//定义 Kafka 主题名称
val topic="flink-kafka-source"
```

（4）编写程序，实现读取 Kafka 的消息的功能。使用 FlinkKafkaConsumer 对象作为数据源。

```
//添加数据源
val stream: DataStream[String] = env.addSource(new FlinkKafkaConsumer[String](topic,
        new SimpleStringSchema(), properties))
```

完整的程序代码如下。

```scala
package chapter8

import org.apache.flink.api.common.serialization.SimpleStringSchema
import org.apache.flink.streaming.api.scala._
import org.apache.flink.streaming.connectors.kafka.{FlinkKafkaConsumer}

import java.util.Properties

object KafkaTest1 {
  def main(args: Array[String]): Unit = {
    //创建运行环境
    val env = StreamExecutionEnvironment.getExecutionEnvironment
    //设置并行度
    env.setParallelism(1)
    //设置属性
    val properties = new Properties()
    properties.setProperty("bootstrap.servers", "hadoop1:9092")
    properties.setProperty("group.id", "consumer-group")
    //Kafka 主题
    val topic="flink-kafka-source"
    val stream: DataStream[String] = env.addSource(new FlinkKafkaConsumer[String]
(topic, new SimpleStringSchema(), properties))
    //输出流
    stream.print()
    //开始执行
    env.execute()
  }
}
```

（5）运行程序。此时控制台没有输出 Kafka 中的消息，因为新创建的主题 flink-kafka-source 中还没有任何消息，可以通过控制台生产者向这个主题中写入数据，然后再进行测试。

（6）使用控制台生产者发送消息，每次发送一条消息。

```
[hadoop@hadoop1 ~]$ kafka-console-producer.sh --broker-list hadoop1:9092 --topic
flink-kafka-source
>1,index.html,10
>
```

在程序的控制台可以看到如下输出结果。这说明 Flink 已经成功读取 Kafka 主题的消息。

```
1,index.html,10
```

2．Kafka 作为 Flink 的输出

将 Kafka 作为 Flink 的输出的步骤如下。

（1）在 Kafka 中创建名称为 flink-kafka-sink 的主题。

```
[hadoop@hadoop1 ~]$ kafka-topics.sh --zookeeper hadoop1:2181/kafka --create --replication-
factor 1 --partitions 1 --topic flink-kafka-sink
```

（2）创建主题后，查看主题列表，验证主题是否创建成功。

```
[hadoop@hadoop1 ~]$ kafka-topics.sh --zookeeper hadoop1:2181/kafka --list
__consumer_offsets
flink-kafka-sink
flink-kafka-source
mytopic
```

（3）编写程序。实现将 Flink 的流数据写入 Kafka 的功能。使用项目 3 定义的传感器数据作为数据源，使用 FlinkKafkaProducer 对象作为输出，将传感器数据写入 Kafka 中。以下程序创建了自定义的传感器数据源。

```
//数据源
val stream = env.addSource(new SensorSource(5))
//转换为字符串
val stream2 = stream.map(sensor => sensor._1 + "," + sensor._2 + "," + sensor._3)
```

以下程序实现将 Flink 数据流写入 Kafka。

```
//Kafka 的连接
val brokerList="hadoop1:9092"
//Kafka 的主题
val topic="flink-kafka-sink"
//将数据写入 Kafka
 stream2.addSink(new FlinkKafkaProducer[String](brokerList, topic, new SimpleStringSchema()))
```

完整的程序代码如下。

```
package chapter8

import chapter3.SensorSource
import org.apache.flink.api.common.serialization.SimpleStringSchema
import org.apache.flink.streaming.api.scala._
import org.apache.flink.streaming.connectors.kafka.FlinkKafkaProducer

object KafkaTest2 {
  def main(args: Array[String]): Unit = {

    //获取运行环境
```

```
val env = StreamExecutionEnvironment.getExecutionEnvironment
//设置并行度
env.setParallelism(1)
//数据源
val stream = env.addSource(new SensorSource(5))
//转换为字符串
val stream2 = stream.map(sensor => sensor._1 + "," + sensor._2 + "," + sensor._3)
//Kafka 的连接
val brokerList = "hadoop1:9092"
//Kafka 的主题
val topic = "flink-kafka-sink"
//将数据写入 Kafka
stream2.addSink(new FlinkKafkaProducer[String](brokerList, topic, new Simple
StringSchema()))
//输出数据流
stream2.print()
//开始执行
env.execute()
  }
}
```

（4）启动控制台消费者，读取 flink-kafka-sink 主题中的消息。

```
[hadoop@hadoop1 ~]$ kafka-console-consumer.sh --bootstrap-server hadoop1:9092  --topic
flink-kafka-sink
```

（5）通过控制台消费者命令读取的部分传感器数据如下。

```
[hadoop@hadoop1 ~]$ kafka-console-consumer.sh --bootstrap-server hadoop1:9092  --topic
flink-kafka-sink
sensor_1,1675944277328,24.35957800506383
sensor_2,1675944277328,71.12797465217771
sensor_3,1675944277328,31.916559380698317
sensor_4,1675944277328,63.60746268907695
sensor_5,1675944277328,56.27628569407139
sensor_6,1675944277328,40.228789533692975
sensor_7,1675944277328,69.2088003202845
sensor_8,1675944277328,38.22103892467939
sensor_9,1675944277328,56.64774104712554
sensor_10,1675944277328,94.30764263804481
```

任务3　综合应用案例

【任务描述】

本任务主要介绍 Flink 和 Kafka 集成的应用。通过本任务的学习和实践，读者可以深入理解 Flink 和 Kafka 集成的基本原理，掌握 Flink 和 Kafka 集成的综合应用。

【任务实施】

1. 流数据过滤

流式业务系统将消息源源不断地写入 Kafka，Flink 需要对 Kafka 中的消息进行实时处理，比如，过滤不符合条件的消息，然后将处理后的数据重新写入 Kafka。主要的思路是：Flink 从 Kafka 中读取消息，此时 Flink 作为 Kafka 的消费者；Flink 读取 Kafka 消息后，按照特定的业务规则，对数据进行过滤；过滤后的数据写入 Kafka 消息，此时 Flink 作为 Kafka 的生产者。

主要实现步骤如下。

（1）Flink 从 Kafka 的主题 flink-kafka-source 中读取用户访问消息。消息是 String 类型，消息格式为"用户 ID，用户访问的 URL，访问时间"。

```
//设置属性
val properties = new Properties()
//连接 Kafka Source 的地址
properties.setProperty("bootstrap.servers", "hadoop1:9092")
//消费者组名称
properties.setProperty("group.id", "group1")
//定义 Kafka Source 主题
val sourceTopic = "flink-kafka-source"
//添加数据源
val stream: DataStream[String] = env.addSource(new FlinkKafkaConsumer[String](sourceTopic,
        new SimpleStringSchema(), properties))
```

（2）转换消息格式。将 String 按照逗号（,）进行分隔，最终转换为三元组形式，消息格式为"（用户 ID，用户访问的 URL，访问时间）"。

```
//转换为三元组
val stream2: DataStream[(Int, String, Int)] = stream.map(pageView => {
  val fields = pageView.split(",")
  (fields(0).trim.toInt, fields(1).trim, fields(2).trim.toInt)
    })
```

（3）使用 filter 方法过滤数据，只保留访问时间超过 10s 的数据，过滤访问时间不足 10s 的数据。

```
//按照访问时间过滤，只保留访问时间超过 10s 的数据
val stream3:DataStream[(Int, String, Int)]  = stream2.filter(_._3 > 10)
```

（4）将处理后的消息写入 Kafka 之前，为了保证数据格式的一致，将三元组形式的数据

转换为 String 类型，格式为"用户 ID，用户访问的 URL，访问时间"。

```
//三元组转换为字符串
val stream4:DataStream[String]=stream3.map(pageView=>pageView._1+","+pageView._2+","
+pageView._3)
```

（5）向 Kafka 的主题 flink-kafka-sink 中写入消息，此时 Flink 作为 Kafka 的生产者。

```
//Kafka Sink 的连接
val brokerList = "hadoop1:9092"
//Kafka Sink 的主题
val sinkTopic = "flink-kafka-sink"
//将数据写入 Kafka
 stream4.addSink(new FlinkKafkaProducer[String](brokerList, sinkTopic, new Simple
StringSchema()))
```

完整的程序代码如下。

```
package chapter8

import org.apache.flink.api.common.serialization.SimpleStringSchema
import org.apache.flink.streaming.api.scala._
import org.apache.flink.streaming.connectors.kafka.{FlinkKafkaConsumer, FlinkKafka
Producer}

import java.util.Properties

object KafkaTest3 {
  def main(args: Array[String]): Unit = {
    //创建运行环境
    val env = StreamExecutionEnvironment.getExecutionEnvironment
    //设置并行度
    env.setParallelism(1)
    //设置属性
    val properties = new Properties()
    //连接 Kafka Source 的地址
    properties.setProperty("bootstrap.servers", "hadoop1:9092")
    //消费者组名称
    properties.setProperty("group.id", "group1")
    //定义 Kafka Source 主题
    val sourceTopic = "flink-kafka-source"
    //添加数据源
    val stream: DataStream[String] = env.addSource(new FlinkKafkaConsumer[String]
(sourceTopic,
new SimpleStringSchema(), properties))
    //转换为三元组
    val stream2: DataStream[(Int, String, Int)] = stream.map(pageView => {
```

```
        val fields = pageView.split(",")
        (fields(0).trim.toInt, fields(1).trim, fields(2).trim.toInt)
    })
    //按照访问时间过滤，只保留访问时间超过 10s 的数据
    val stream3:DataStream[(Int, String, Int)]  = stream2.filter(_._3 > 10)
    //三元组转换为字符串
    val stream4:DataStream[String]=stream3.map(pageView=>pageView._1+","+pageView._2+
","+pageView._3)
    //Kafka Sink 的连接
    val brokerList = "hadoop1:9092"
    //Kafka Sink 的主题
    val sinkTopic = "flink-kafka-sink"
    //将数据写入 Kafka
    stream4.addSink(new FlinkKafkaProducer[String](brokerList, sinkTopic, new Simple
StringSchema()))
    //开始执行
    env.execute()
  }
}
```

（6）运行程序并按照如下步骤进行测试。

① 准备数据集，3 列数据分别为用户 ID、用户访问的 URL 和访问时间。

```
1,index.html,10
2,index.html,20
3,index.html,10
1,goods.html,100
2,cart.html,30
```

② 启动控制台生产者，准备向 flink-kafka-source 主题发送消息。

```
[hadoop@hadoop1 ~]$ kafka-console-producer.sh --broker-list hadoop1:9092 --topic
flink-kafka-source
```

③ 启动控制台消费者，准备从 flink-kafka-sink 主题读取消息。

```
[hadoop@hadoop1 ~]$ kafka-console-consumer.sh --bootstrap-server hadoop1:9092 --topic
flink-kafka-sink
```

④ 从控制台生产者向 flink-kafka-source 发送消息，每次发送一条消息。

```
[hadoop@hadoop1 ~]$ kafka-console-producer.sh --broker-list hadoop1:9092 --topic flink-
kafka-source
    >1,index.html,10
    >2,index.html,20
    >3,index.html,10
    >1,goods.html,100
    >2,cart.html,30
    >
```

⑤ 使用控制台消费者从 flink-kafka-sink 接收消息。查看控制台的输出可以发现，接收到的消息中只有访问时间超过 10s 的消息，实现了消息的过滤。

```
[hadoop@hadoop1 ~]$ kafka-console-consumer.sh --bootstrap-server hadoop1:9092 —topic
flink-kafka-sink
2,index.html,20
1,goods.html,100
2,cart.html,30
```

2．JSON 数据解析

在 Kafka 消息中，JSON 格式的数据是比较常见的。使用 JSON 格式数据的优势是，JSON 数据包含 Schema 信息，使用方式比较灵活，可以方便地将 JSON 格式的字符串转换为 JSON 对象，从而容易地获取指定属性的值。下面以一个案例具体说明 JSON 数据的使用方法。

（1）准备 JSON 数据，表示用户（user）、课程（course）和成绩（score）。

```
{"user":"zhangsan","course":"math","score":100}
{"user":"lisi","course":"math","score":80}
{"user":"wangwu","course":"math","score":50}
{"user":"zhangsan","course":"chinese","score":90}
{"user":"lisi","course":"chinese","score":90}
{"user":"wangwu","course":"chinese","score":80}
```

（2）使用 Kafka 命令创建名称为 flink-kafka-score 的主题。

```
[hadoop@hadoop1 ~]$ kafka-topics.sh --zookeeper hadoop1:2181/kafka --create --replication-
factor 1 --partitions 1 --topic flink-kafka-score
```

（3）创建主题后，查看主题列表，验证主题是否创建成功。

```
[hadoop@hadoop1 ~]$ kafka-topics.sh --zookeeper hadoop1:2181/kafka --list
```

（4）在项目的 pom.xml 文件中添加 JSON 解析类的依赖。Fastjson 是阿里巴巴的开源库，用于对 JSON 格式的数据进行解析。

```
<dependency>
    <groupId>com.alibaba</groupId>
    <artifactId>fastjson</artifactId>
    <version>1.2.79</version>
</dependency>
```

fastjson API 的入口类是 com.alibaba.fastjson.JSON。常用的序列化操作都可以通过调用 JSON 类的静态方法来实现。常用的方法如下。

- Object parse(String text)：把 JSON 字符串解析为 JSONObject 对象或者 JSONArray

对象。

- JSONObject parseObject(String text)：将 JSON 字符串解析成 JSONObject 对象。

- JSONArray parseArray(String text)：把 JSON 字符串解析成 JSONArray 对象。

- String toJSONString(Object object)：将对象序列化为 JSON 字符串。

（5）编写 UserScore 样例类，定义用户分数。

```
/**
 * 用户分数
 * @param user 用户
 * @param course 课程
 * @param score 分数
 */
  case class UserScore(user: String,course:String, score: Int)
```

（6）将 Kafka 的主题 flink-kafka-score 设置为 Flink 的数据源。

```
//设置属性
val properties = new Properties()
//连接 Kafka Source 的地址
properties.setProperty("bootstrap.servers", "hadoop1:9092")
//消费者组名称
properties.setProperty("group.id", "group1")
//定义 Kafka Source 主题
val sourceTopic = "flink-kafka-score"
//添加数据源
val stream: DataStream[String] = env.addSource(new FlinkKafkaConsumer[String](sourceTopic,
    new SimpleStringSchema(), properties))
```

（7）解析 JSON。使用 JSON.parseObject 方法将 JSON 字符串转换为 JSONObject 对象，使用该对象的 getString 方法获取 String 类型的值，使用 getIntValue 方法获取 Int 类型的值，最终将 JSON 字符串转换为 UserScore 对象。

```
//转换为 UserScore 对象
val stream2=stream.map(json=>{
  val jsonObj: JSONObject = JSON.parseObject(json)
  //用户
  val user: String = jsonObj.getString("user")
  //课程
  val course: String = jsonObj.getString("course")
  //分数
  val score: Int = jsonObj.getIntValue("score")
  //构造对象
  UserScore(user,course,score)
})
```

（8）计算每个用户的平均分。首先将数据流转换为表，执行 SQL 进行查询，然后将查询结果转换为数据流。

```
//创建表环境
val tableEnv = StreamTableEnvironment.create(env)
//将 DataStream 转换为表
val table:Table = tableEnv.fromDataStream(stream2)
//创建临时表
tableEnv.createTemporaryView("user_score", table)
//计算每个用户的平均分
val table2 = tableEnv.sqlQuery("select user,avg(score) " +
  "from user_score " +
  "group by user ")
//转换为流并输出
tableEnv.toChangelogStream(table2).print()
```

（9）启动控制台生产者，向 flink-kafka-score 主题发送消息。

```
[hadoop@hadoop1 ~]$ kafka-console-producer.sh --broker-list hadoop1:9092 --topic flink-
kafka-score
>{"user":"zhangsan","course":"math","score":100}
>{"user":"lisi","course":"math","score":80}
>{"user":"wangwu","course":"math","score":50}
>{"user":"zhangsan","course":"chinese","score":90}
>{"user":"lisi","course":"chinese","score":90}
>{"user":"wangwu","course":"chinese","score":80}
>
```

（10）查看开发环境的控制台的输出结果。可以看到，已经输出每个用户的平均分。

```
+I[zhangsan, 100]
+I[lisi, 80]
+I[wangwu, 50]
-U[zhangsan, 100]
+U[zhangsan, 95]
-U[lisi, 80]
+U[lisi, 85]
-U[wangwu, 50]
+U[wangwu, 65]
```

项目小结

本项目通过 3 个任务由浅入深地讲解了 Flink 与 Kafka 集成的入门及综合应用。本项目主要包括以下内容。

- Kafka 的基本原理、Kafka 集群的安装及常用操作。

- Flink 和 Kafka 的集成方法主要有两种：一是，Flink 读取 Kafka 的数据，此时 Kafka 作为 Flink 的数据源；二是，将 Flink 处理后的结果数据写入 Kafka，此时 Kafka 作为 Flink 的输出。在实际的应用中，要准确辨别 Flink 在与 Kafka 集成过程中所扮演的角色。

- 常见的应用场景是 Flink 实时读取 Kafka 中的数据，经过处理后再实时写入 Kafka。

思考与练习

理论题

一、选择题（单选）

1．在流式应用系统中，将消息写入 Kafka 的角色是。（　　　）

（A）订阅者　　　　　　（B）生产者

（C）中介　　　　　　　（D）消费者

2．在流式应用系统中，从 Kafka 读取消息的角色是。（　　　）

（A）发布者　　　　　　（B）生产者

（C）中介　　　　　　　（D）消费者

3．在本项目的案例中，fastjson 将 JSON 对象转换为字符串的方法是。（　　　）

（A）parse　　　　　　　（B）toJSONString

（C）map　　　　　　　　（D）parseObject

4．在本项目的案例中，fastjson 将 JSON 字符串转换为对象的方法是。（　　　）

（A）filter　　　　　　　（B）parse

（C）toJSONString　　　　（D）map

二、填空题

1．Kafka 读取 Flink 中的消息，Flink 在 Kafka 中的角色是＿＿＿＿＿＿＿＿＿。

2．Kafka 向 Flink 写入消息，Flink 在 Kafka 中的角色是＿＿＿＿＿＿＿＿＿。

三、简答题

1．简述 Kafka 在流式数据应用中的主要优势。

2．以 Kafka 为例，说明消息的发布订阅模式。

3．简述 Flink 与 Kafka 的整合方式。

实训题

结合本项目所学知识，练习将 Kafka 的数据流进行过滤后再重新写入 Kafka。

项目 9

网站日志实时分析系统

项目导读

在实时的流式数据分析中，日志分析是非常重要的应用之一。用户浏览网站单击链接的行为会记录到网站服务器的日志中。例如，用户在新闻网站单击自己感兴趣的新闻，在电商网站浏览自己喜欢的商品，这些用户行为都会以单击流的形式被服务器收集和分析。对日志进行实时分析，可以提升用户的体验，如根据用户在新闻网站的单击行为推荐该用户感兴趣的新闻。本项目以网站日志作为分析对象，综合利用前几个项目所学的知识，讲解网站日志的采集、传输和分析的流程。

思政目标

● 培养学生严谨细致的职业品格和行为习惯。

● 培养学生诚实守信的品质和遵纪守法的意识。

教学目标

● 掌握网站日志的采集、传输和分析的流程。

● 掌握 Flume 的基本操作。

● 掌握 Flume 和 Kafka 的整合方法。

● 掌握 Flink 对日志进行分析的方法。

任务 1　网站日志收集

【任务描述】

本任务主要介绍网站日志收集的方法。通过本任务的学习和实践，读者可以理解网站日志的生成过程，掌握网站日志的收集方法。

【知识链接】

1. 网站日志生成

用户浏览网站并单击自己感兴趣的内容，Web 服务器会以日志的形式记录用户的单击行为。为了通过日志发掘网站的价值，需要应用大数据技术对用户行为进行分析。一般网站系统为了应对高并发的应用场景会使用由多台 Web 服务器构建的集群来处理用户请求，Web 服务器集群的入口使用代理服务器来实现。代理服务器用来接受客户端的连接请求，然后将请求转发给内部网络上的 Web 服务器集群，并将 Web 服务器上的响应结果返回给客户端。Nginx 是一个性能卓越的 Web 服务器/反向代理服务器及电子邮件（IMAP/POPv3）代理服务器，在网站架构中可以实现请求转发及负载均衡的功能。

Web 服务器日志分散在多个服务器节点上。为了对日志数据进行分析，需要将日志收集起来。消息中间件通过高效可靠的消息传输机制负责数据的收集。这一过程一般使用 Flume 和 Kafka 集成的方式实现。

Flume 是一个高可用的、高可靠的、分布式的海量日志采集、聚合和传输系统。Flume 支持在日志系统中定制发送方和接收方。发送方负责收集数据，这些数据在经过 Flume 简单处理后，可以写入接收方。

Kafka 是一种高吞吐量的分布式发布订阅消息系统，用户通过开发生产者和消费者程序来实现流式数据的处理。生产者程序可以实现将数据写入 Kafka。

流式数据的实时计算通过 Flink 实现。Flink 支持多种数据源的数据接入，Kafka 是常用的数据源之一。Flink 对数据流进行转换、聚合等操作以后，可以将处理结果存储到 HDFS、数据库等外部存储系统中。

本任务以网站日志实时分析的应用场景为例，说明从网站日志生成、收集及实时计算的整个流程一般流程如下。

（1）用户浏览网站、单击链接等行为被记录到网站的系统日志中。

（2）使用 Flume 收集系统日志到 Kafka 中。

（3）使用 Flink 对 Kafka 中的数据指标进行实时计算。

（4）将聚合的结果持久化到数据库中。

2.　网站日志格式

网站日志指的是 Web 服务器记录的和用户的 HTTP 请求相关的信息。W3C（World Wide Web Consortium，万维网联盟）组织有一个 Web 服务器日志文件的标准格式，添加的信息与请求有关，包括客户端 IP 地址、请求时间、请求 URI、HTTP 状态码、请求的字节数、用户代理（浏览器）等。Nginx 服务器的日志示例如图 9-1 所示。

```
{
  "@timestamp":"2022-04-20T08:30:23+08:00",
  "host":"192.168.68.129",
  "clientip":"192.168.68.1",
  "remote_user":"-",
  "request":"GET /img/1.gif?bw=Netscape&bv=5&channel=sport&page=001 HTTP/1.1",
  "http_user_agent":"Mozilla/5.0 (Windows NT 10.0; Win64; x64) AppleWebKit/537.36 (KHTML, like Gecko) Chrome/81.0.4044.138 Safari/537.36",
  "size":"6115",
  "responsetime":"0.120",
  "upstreamtium":"0.120",
  "upstreamhost":"127.0.0.1:8280",
  "http_host":"logs.news_site",
  "url":"/img/1.gif",
  "domain":"logs.news_site",
  "xff":"-",
  "referer":"http://front.news_site/sport/001.html",
  "status":"200"
}
```

图 9-1　Nginx 服务器的日志示例

3.　实时分析常用指标

基于本项目的需求，常用的分析指标如下。

- IP：独立 IP 地址数，指一天内使用不同 IP 地址的用户访问网站的数量。同一 IP 地址的用户无论访问了多少个页面，只都记录为一次 IP。

- 用户代理分析：用户代理一般是指用户访问网站的客户端设备，如浏览器。通过对使用的浏览器进行汇总分析，可以判断用户访问网站使用的是 PC 端设备还是移动端设备，以及使用各种浏览器的比例。

- 区域分析：可以根据 IP 地址库将 IP 地址映射为区域信息。通过对转换后的区域进行汇总分析，可以分析出网站在哪几个地区访问量高，可以针对访问量小的地区开展相应的营销活动。

- 页面 TOP N：通过对网站页面访问量进行汇总分析，可以分析出访问量最大和最小的页面，可以针对访问量较小的几个页面分析原因，以提升用户体验。

- 频道 TOP N：通过对网站频道的访问量进行汇总分析，可以分析出访问量最大和最小的频道，可以针对访问量较小的频道进行改进。

- 访问流量：网站服务器日志会记录用户请求的流量信息，单位为字节。通过对流量进行汇总，可以实时展示网站的流量信息。

- 异常分析：网站服务器日志记录的 HTTP 请求的状态码信息，200 表示正常请求，如果服务器内部出现异常，则会记录 500。可以根据异常状态码占所有记录的比例来判断服务器的运行状态。

4. Flume 简介

Flume 支持在日志系统中定制各类数据发送方，用于日志数据的收集和传输。

Flume 处理流程由 Source（数据源）、Channel（通道）和 Sink（输出）组成，如图 9-2 所示。"数据源"是指数据的来源和方式，本项目中数据源是指定目录下的日志文件，通道是对数据进行缓冲的缓冲池，可以使用内存或者文件系统实现。输出定义了数据输出的方式和目的地，可以将数据输出到 HDFS、Kafka 等。

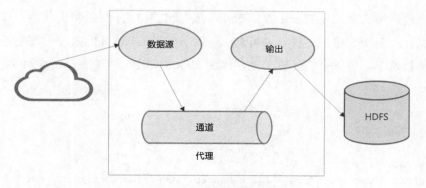

图 9-2　Flume 处理流程示意

在 Flume 中，将数据抽象为事件（Event），Flume 对数据处理的流程就是对事件的传输和转换的过程。当数据源接收到事件时，它将被存储到通道中。通道是一个缓冲事件的存储池，可以存储事件直到输出处理。

5. 日志收集的数据源

为实现网站日志的收集，需要选择可以自动收集日志的数据源。Flume 可以监视指定目录下的日志文件，当日志目录下的文件产生变化时，文件内容会被收集到指定输出中，如 HDFS 或者 Kafka。Flume 提供了 Spool Dir 和 Taildir 两种数据源，以实现日志收集的过程。

- Spool Dir：这个数据源监视磁盘上指定目录的文件变化，当目录中生成新的文件时，从新文件出现时开始解析数据。数据解析逻辑是可配置的。在新文件被完全读入通道之后，默认重命名该文件，并在文件名后面加上后缀 ".completed" 表示文件收集完成。

- Taildir：这个数据源监控指定目录的文件变化，并在检测到新的一行数据产生时近实时地读取它们，如果新的数据还没写完，Taildir 数据源会等到这行写完后再读取。Taildir 数据源为了保证不丢失数据，它会定期地以 JSON 格式在一个专门用于定位的文件中记录每个文件的最后读取位置。如果 Flume 由于某种原因出现问题，重新启动后它可以从文件的标记位置重新开始读取。Taildir 数据源还可以从任意指定的位置开始读取文件。默认情况下，它将从每个文件的第一行开始读取。文件按照修改时间的顺序来读取。修改时间最早的文件将最先被读取。

通过以上分析可以知道，Taildir 具有断点续传、不会修改文件名、实时性高等优点，所以本项目选择 Taildir 作为数据源。

【任务实施】

1. 日志收集的配置

下面的程序将实现通过 Flume 收集 Nginx 服务器的访问日志，同时将内存作为缓冲，最终将日志保存到 HDFS 中的过程。编辑 Flume 配置文件 taildir-hdfs.conf，该配置文件一般保存在指定的目录中。可以将该配置文件存储到 Flume 安装文件夹的 conf 文件夹中。

```
a1.sources = r1
a1.sinks = k1
a1.channels = c1

a1.sources.r1.type = TAILDIR
a1.sources.r1.positionFile = /home/hadoop/flume/flume-position.json
a1.sources.r1.filegroups = f1
a1.sources.r1.filegroups.f1 = /usr/local/nginx/logs/site/.*log.*

a1.sinks.k1.type = hdfs
a1.sinks.k1.hdfs.path = hdfs://hadoop1:9000/flume/taildir/%Y%m%d/%H
#上传文件的前缀
a1.sinks.k1.hdfs.filePrefix = logs-
#是否使用本地时间戳
a1.sinks.k1.hdfs.useLocalTimeStamp = true

a1.channels.c1.type = memory
a1.channels.c1.capacity = 1000

a1.sources.r1.channels = c1
a1.sinks.k1.channel = c1
```

配置文件的主要内容的说明如下。

- Flume 代理的名称为 a1，可以为它配置多个数据源和输出。

- Source 的类型为 TAILDIR。

- Source r1 的 positonFile：Taildir 的数据源维护了一个 JSON 格式的位置文件，它会定期地向位置文件中更新每个文件读取的最新位置，因此能够实现断点续传。r1 的 filegroups 代表一个文件组。该文件组包含多个文件。配置文件定义了一个文件 f1。日志的路径中的.*log.*是一个正则表达式，表示匹配所有文件名中包含 log 的文件。

- Sink k1 的类型为 hdfs，也就是将日志内容最终存储到 HDFS 中。

- hdfs 的 path 属性，指的是 HDFS 中文件的存储路径。为了把不同时间段生成的日志存储到不同的目录中，可以使用转义字符进行配置。

- hdfs 的 filePrefix，指定原始文件上传到 HDFS 中后重新命名的前缀名。

- c1 的类型为 memory，将内存作为缓冲。c1 的 capacity 指的是在通道中最多能保存多少个事件。默认是 100。

2. 日志收集测试

启动 flume-ng 命令进行测试，-f 选项指定配置文件，-n 选项指定配置文件中代理的名称。

```
[hadoop@hadoop1 ~]$ $FLUME_HOME/bin/flume-ng agent -c conf -f $FLUME_HOME/conf/ taildir
-hdfs.conf -n a1
```

为了验证是否将日志文件正确收集到 HDFS 文件系统中，可以查看 HDFS 中指定的文件目录。

```
[hadoop@hadoop1 ~]$ hdfs dfs -ls /flume/taildir/20230210/17
```

任务 2 Flume 与 Kafka 集成

【任务描述】

本任务主要介绍 Flume 和 Kafka 的集成。通过本任务的学习和实践，读者可以理解 Flume 和 Kafka 的集成原理，掌握 Flume 和 Kafka 集成的基本方法。

【知识链接】

Flume 和 Kafka 的集成方法

网站日志最终通过 Flume 收集到 Kafka 中。Kafka 与 Flume 的集成可以采用两种方式实现：一种方式是 Kafka 作为 Flume 的通道，这种情况下，不需要为 Flume 配置输出，因为这种方式配置最简单，推荐使用这种方式；另一种方式是 Kafka 作为 Flume 的输出。

【任务实施】

1. Kafka 作为输出的配置

Kafka 作为输出与 Flume 的集成方式，除了配置文件不同以外，启动和测试流程是一样的。配置文件的内容的说明如下。

- 输出的名称为 k1。
- k1.type 配置为 org.apache.flume.sink.kafka.KafkaSink，将 KafkaSink 作为输出。
- k1.kafka.bootstrap.servers：配置 Kafka 连接的地址。
- k1.kafka.topic：配置 Kafka 的主题。

```
a1.sources = r1
a1.sinks = k1
a1.channels = c1

#Source
a1.sources.r1.type = TAILDIR
a1.sources.r1.positionFile = /home/hadoop/flume/flume-position.json
a1.sources.r1.filegroups = f1
a1.sources.r1.filegroups.f1 = /usr/local/nginx/logs/site/.*log.*

a1.sources.r1.interceptors =i1
a1.sources.r1.interceptors.i1.type=news_site.flume.LogInterceptor#Builder

#Sink
a1.sinks.k1.type = org.apache.flume.sink.kafka.KafkaSink
#Kafka 连接
a1.sinks.k1.kafka.bootstrap.servers = localhost:9092
#Kafka 主题
a1.sinks.k1.kafka.topic = flume-kafka-sink

a1.channels.c1.type = memory
a1.channels.c1.capacity = 1000
a1.channels.c1.transactionCapacity = 100

a1.sources.r1.channels = c1
a1.sinks.k1.channel = c1
```

2．Kafka 作为通道的配置

若要编辑配置文件 taildir-kafka.conf，可以使用 taildir-hdfs.conf 文件为模板进行修改，保留 taildir-hdfs.conf 的数据源的配置，修改与通道相关的配置。

- 通道的名称为 c1。

- c1.type 配置为 org.apache.flume.channel.kafka.KafkaChannel，可以将 KafkaChannel 作为通道。

- c1.kafka.bootstrap.servers：配置 Kafka 连接的地址。

- c1.kafka.topic：配置 Kafka 的主题。

```
a1.sources = r1
a1.channels = c1


a1.sources.r1.type = TAILDIR
a1.sources.r1.positionFile = /home/hadoop/flume/flume-position.json
a1.sources.r1.filegroups = f1
a1.sources.r1.filegroups.f1 = /usr/local/nginx/logs/site/.*log.*

a1.sources.r1.interceptors =i1
a1.sources.r1.interceptors.i1.type=news_site.flume.LogInterceptor$Builder

a1.channels.c1.type = org.apache.flume.channel.kafka.KafkaChannel
#Kafka 连接
a1.channels.c1.kafka.bootstrap.servers = localhost:9092
#Kafka 主题
a1.channels.c1.kafka.topic = flume-kafka-channel
a1.channels.c1.parseAsFlumeEvent = false

a1.sources.r1.channels = c1
```

3．流程测试

运行以下命令启动 Flume。启动的配置文件为 taildir-kafka.conf。

```
[hadoop@hadoop1 ~]$ $FLUME_HOME/bin/flume-ng agent -c conf -f $FLUME_HOME/conf/taildir
-kafka.conf -n a1
```

启动控制台消费者，测试整个数据处理流程。首先添加日志或者在日志文件夹下添加新的日志文件，然后从 Kafka 消费者控制台查看输出的网站日志消息。

```
[hadoop@hadoop1 ~]$ kafka-console-consumer.sh --zookeeper localhost:2181/kafka --topic
flink-kafka-channel
```

任务 3　日志分析实现

【任务描述】

本任务主要介绍使用 Flink 对网站日志的分析。通过本任务的学习和实践，读者可以理解日志的访问量分析、异常日志分析以及聚合分析的原理，掌握 Flink 对网站日志的分析方法。

【任务实施】

1. 访问量分析

（1）原始的网站日志是使用 JSON 格式表示的文本内容，其中包含的字段比较多，为了方便程序处理，定义样例类 AccessLog 用于表示网站日志。

```
package chapter9

/**
 * 访问日志
 * @param timestamp  时间戳
 * @param host  主机名
 * @param clientip  客户端 IP
 * @param request  请求
 * @param httpUserAgent  用户代理
 * @param size  请求的大小
 * @param responseTime  响应时间
 * @param httpHost  主机
 * @param url URL
 * @param domain  域名
 * @param referer  来源
 * @param status  状态码
 */
    case class AccessLog(timestamp:String,host:String,clientip:String,request:String,
httpUserAgent:String,size:Int,responseTime:Float,httpHost:String,url:String,domain:String,
referer:String,status:Int)
```

（2）创建转换日志的工具类 AccessLogUtils。这个类只有一个 read 方法，实现将 JSON格式的字符串转换为 AccessLog 对象。

```
package chapter9

import com.alibaba.fastjson.{JSON, JSONObject}

object AccessLogUtils {
```

```
/**
 * 读取 JSON，转换为 AccessLog
 *
 * @param strAccessLog JSON 字符串
 * @return AccessLog 对象
 */
def read(strAccessLog: String): AccessLog = {
  //解析为 JSONObject
  val jsonObj: JSONObject = JSON.parseObject(strAccessLog)
  //读取信息
  val timestamp: String = jsonObj.getString("@timestamp")
  val host: String = jsonObj.getString("host")
  val clientip: String = jsonObj.getString("clientip")
  val request: String = jsonObj.getString("request")
  val httpUserAgent: String = jsonObj.getString("httpUserAgent")
  val size: Int = jsonObj.getIntValue("size")
  val responseTime: Float = jsonObj.getFloatValue("responsetime")
  val httpHost: String = jsonObj.getString("httpHost")
  val url: String = jsonObj.getString("url")
  val domain: String = jsonObj.getString("domain")
  val referer: String = jsonObj.getString("referer")
  val status: Int = jsonObj.getIntValue("status")
  //构造 AccessLog 对象
  AccessLog(timestamp, host, clientip, request, httpUserAgent, size, responseTime,
httpHost, url, domain, referer, status)
  }
}
```

（3）读取日志文件。日志文件的每行数据为 JSON 字符串，可以使用工具类将 JSON 字符串转换为 AccessLog 对象。

```
//从文件中读取数据
val stream: DataStream[String] = env.readTextFile("data/access.log")
//转换为 AccessLog 对象
val stream2: DataStream[AccessLog] = stream.map(json => {
  AccessLogUtils.read(json)
    })
```

（4）计算 PV。将步骤（3）生成的数据流转换为表，执行 SQL 语句进行分组汇总，按照日期进行汇总，统计每组数据的数量，也就是 PV。

```
//创建表环境
val tableEnv = StreamTableEnvironment.create(env)
//将数据流转换为表
val table = tableEnv.fromDataStream(stream2)
//输出 Schema
table.printSchema()
```

```
//创建临时表
tableEnv.createTemporaryView("access_log", table)
//计算 PV
val table2 = tableEnv.sqlQuery("select createDate, " +
  "count(*) as logCount " +
  "from access_log " +
  "group by createDate ")
//输出流
 tableEnv.toChangelogStream(table2).print()
```

完整的程序代码如下。

```
package chapter9

import org.apache.flink.streaming.api.scala._
import org.apache.flink.table.api.bridge.scala.StreamTableEnvironment

object LogTest1 {
  def main(args: Array[String]): Unit = {
    //创建运行环境
    val env = StreamExecutionEnvironment.getExecutionEnvironment
    //设置并行度
    env.setParallelism(1)
    //从文件中读取数据
    val stream: DataStream[String] = env.readTextFile("data/access.log")
    //转换为 AccessLog 对象
    val stream2: DataStream[AccessLog] = stream.map(json => {
      AccessLogUtils.read(json)
    })
    //创建表环境
    val tableEnv = StreamTableEnvironment.create(env)
    //将数据流转换为表
    val table = tableEnv.fromDataStream(stream2)
    //输出 Schema
    table.printSchema()
    //创建临时表
    tableEnv.createTemporaryView("access_log", table)
    //计算 PV
    val table2 = tableEnv.sqlQuery("select createDate, " +
      "count(*) as logCount " +
      "from access_log " +
      "group by createDate ")
    //输出流
    tableEnv.toChangelogStream(table2).print()
    //开始执行
    env.execute()
  }
}
```

2. 异常日志分析

在日志中可以对异常情况进行分析。例如，可以根据 HTTP 响应的状态码判断是否是异常日志，正常返回结果的状态码是 200，服务器异常返回的状态码是 500，客户端请求 URL 出现错误的状态码是 404。下面的程序实现了只查询状态码是 500 的日志，也就是服务器异常的日志。对于异常日志要实时监控处理。

```
//状态码是 500 的数据
val table2 = tableEnv.sqlQuery("select * " +
  "from access_log " +
  "where status=500 ")
```

用户请求的响应时间过长也可能是异常情况。当用户在浏览器等客户端单击网站链接而迟迟得不到响应时，可能会严重影响网站的业务量。比如，电商网站用户单击"提交订单"按钮后没有响应，无法完成交易。针对响应时间多长算是异常，不同类型的网站的要求也不一样，为简单起见，在下面的程序中定义响应时间超过 1s 就是异常情况。

```
//响应时间过长
val table3 = tableEnv.sqlQuery("select * " +
  "from access_log " +
  "where responseTime>1 ")
```

完整的应用程序如下。

```
package chapter9

import org.apache.flink.streaming.api.scala._
import org.apache.flink.table.api.bridge.scala.StreamTableEnvironment


object LogTest2 {
  def main(args: Array[String]): Unit = {
    //创建运行环境
    val env = StreamExecutionEnvironment.getExecutionEnvironment
    //设置并行度
    env.setParallelism(1)
    //从文件中读取数据
    val stream: DataStream[String] = env.readTextFile("data/access.log")
    //转换为 AccessLog 对象
    val stream2: DataStream[AccessLog] = stream.map(json => {
      AccessLogUtils.read(json)
    })
    //创建表环境
    val tableEnv = StreamTableEnvironment.create(env)
    // 将 DataStream 转换成表
```

```
val table = tableEnv.fromDataStream(stream2)
//创建临时表
tableEnv.createTemporaryView("access_log", table)

//状态码是 500 的数据
val table2 = tableEnv.sqlQuery("select * " +
  "from access_log " +
  "where status=500 ")
//输出流
tableEnv.toChangelogStream(table2).print("status<>200")
//响应时间过长
val table3 = tableEnv.sqlQuery("select * " +
  "from access_log " +
  "where responseTime>1 ")
//输出流
tableEnv.toChangelogStream(table3).print("responseTime>1")
//开始执行
env.execute()
  }
}
```

3. 聚合分析

接下来对日志进行聚合分析。具体步骤如下。

（1）连接 MySQL 数据库，创建数据表，并保存分析结果。对日志的响应时间进行聚合分析，统计每日最小响应时间、最大响应时间及平均响应时间。log_time 表设计如表 9-1 所示。对日志的流量进行聚合分析，统计每小时总的字节数、平均字节数。log_size 表设计如表 9-2 所示。

表 9-1　log_time 表设计

字段名称	数据类型	说明
createDate	varchar	日志日期
minResponseTime	float	最小响应时间
maxResponseTime	float	最大响应时间
avgResponseTime	float	平均响应时间

表 9-2　log_size 表设计

字段名称	数据类型	说明
createHour	int	日志时间中的小时
totalSize	bigint	总字节数
avgSize	float	平均字节数

（2）对每日响应时间进行分析。按照日期进行分组统计，计算响应时间的最小值、最大

值和平均值。

```
//每日响应时间分析
val table2 = tableEnv.sqlQuery("select createDate, " +
  "min(responseTime) as minResponseTime, " +
  "max(responseTime) as maxResponseTime, " +
  "avg(responseTime) as avgResponseTime " +
  "from access_log " +
  "where status=200 " +
  "group by createDate ")
```

（3）创建连接器表。将按照日期统计的响应时间聚合结果写入 log_time 表，设置主键为日志的日期（createDate）。表连接器的配置如表 9-3 所示。

表 9-3　表连接器的配置

配置项	说明
connector.type	连接关系数据库，设置为 jdbc
connector.url	连接数据库的 URL
connector.driver	连接数据库的驱动
connector.username	连接数据库的账号
connector.password	连接数据库的密码

```
//写入 MySQL 数据库
val logTimeSql: String =
  """
    |create table log_time (
    | createDate varchar(10) not null,
    | minResponseTime float not null,
    | maxResponseTime float not null,
    | avgResponseTime float not null,
    | primary key (createDate) not enforced
    | ) with (
    |     'connector.type' = 'jdbc',
    |     'connector.url' = 'jdbc:mysql://localhost:3306/flink_project?useSSL=false',
    |     'connector.table' = 'log_time',
    |     'connector.driver' = 'com.mysql.jdbc.Driver',
    |     'connector.username' = 'root',
    |     'connector.password' = 'root123456'
    | )
    |""".stripMargin
//执行 SQL 语句创建表
tableEnv.executeSql(logTimeSql)
```

（4）调用表对象的 executeInsert 方法。将按照日期对响应时间的聚合结果写入 log_time 表。

```
//执行插入操作
table2.executeInsert("log_time")
```

（5）以小时为单位对日志的流量进行统计。日志的流量指的是通过网络发送请求并返回的字节数。在统计流量时只统计正常响应的日志，也就是只统计状态码为 200 的日志，然后按照小时对日志进行分组，对字节数进行聚合计算，统计每小时最大流量和平均流量。

```
//每小时的流量分析
val table3 = tableEnv.sqlQuery("select createHour," +
  "sum(size) as totalSize, " +
  "avg(size) as avgSize " +
  "from access_log " +
  "where status=200 " +
  "group by createHour")
```

（6）创建连接器表。将按照日期统计的响应时间聚合结果写入 log_size 表，设置主键为日志时间的小时（createHour）。

```
//写入 MySQL 数据库
val logSizeSql: String =
  """
    |create table log_size (
    | createHour int not null,
    | totalSize bigint not null,
    | avgSize float not null,
    | primary key (createHour) not enforced
    | ) with (
    |    'connector.type' = 'jdbc',
    |    'connector.url' = 'jdbc:mysql://localhost:3306/flink_project?useSSL=false',
    |    'connector.table' = 'log_size',
    |    'connector.driver' = 'com.mysql.jdbc.Driver',
    |    'connector.username' = 'root',
    |    'connector.password' = 'root123456'
    | )
    |""".stripMargin
//执行 SQL 语句以创建表
tableEnv.executeSql(logSizeSql)
```

（7）调用表对象的 executeInsert 方法。将按照小时对流量的聚合结果写入 log_size 表。

```
//执行插入操作
table3.executeInsert("log_size")
```

完整的程序代码如下。

```scala
package chapter9

import org.apache.flink.streaming.api.scala._
import org.apache.flink.table.api.bridge.scala.StreamTableEnvironment

object LogTest3 {
  def main(args: Array[String]): Unit = {
    //创建运行环境
    val env = StreamExecutionEnvironment.getExecutionEnvironment
    //设置并行度
    env.setParallelism(1)
    //从文件中读取数据
    val stream: DataStream[String] = env.readTextFile("data/access.log")
    //转换为 AccessLog 对象
    val stream2: DataStream[AccessLog] = stream.map(json => {
      AccessLogUtils.read(json)
    })
    //创建表环境
    val tableEnv = StreamTableEnvironment.create(env)
    //将 DataStream 转换成表
    val table = tableEnv.fromDataStream(stream2)
    //创建临时表
    tableEnv.createTemporaryView("access_log", table)
    //每日响应时间分析
    val table2 = tableEnv.sqlQuery("select createDate, " +
      "min(responseTime) as minResponseTime, " +
      "max(responseTime) as maxResponseTime, " +
      "avg(responseTime) as avgResponseTime " +
      "from access_log " +
      "where status=200 " +
      "group by createDate ")
    //写入 MySQL 数据库
    val logTimeSql: String =
      """
        |create table log_time (
        | createDate varchar(10) not null,
        | minResponseTime float not null,
        | maxResponseTime float not null,
        | avgResponseTime float not null,
        | primary key (createDate) not enforced
        | ) with (
        |   'connector.type' = 'jdbc',
        |   'connector.url' = 'jdbc:mysql://localhost:3306/flink_project?useSSL=false',
        |   'connector.table' = 'log_time',
        |   'connector.driver' = 'com.mysql.jdbc.Driver',
        |   'connector.username' = 'root',
        |   'connector.password' = 'root123456'
```

```
        | )
        |""".stripMargin
    //执行 SQL 语句以创建表
    tableEnv.executeSql(logTimeSql)
    //执行插入操作
    table2.executeInsert("log_time")
    //转换为流并输出
    tableEnv.toChangelogStream(table2)
      .print()
    //每小时的流量分析
    val table3 = tableEnv.sqlQuery("select createHour," +
      "sum(size) as totalSize, " +
      "avg(size) as avgSize " +
      "from access_log " +
      "where status=200 " +
      "group by createHour")
    //写入 MySQL 数据库
    val logSizeSql: String =
      """
        |create table log_size (
        | createHour int not null,
        | totalSize bigint not null,
        | avgSize float not null,
        | primary key (createHour) not enforced
        | ) with (
        |    'connector.type' = 'jdbc',
        |    'connector.url' = 'jdbc:mysql://localhost:3306/flink_project?useSSL=false',
        |    'connector.table' = 'log_size',
        |    'connector.driver' = 'com.mysql.jdbc.Driver',
        |    'connector.username' = 'root',
        |    'connector.password' = 'root123456'
        | )
        |""".stripMargin
    //执行 SQL 语句以创建表
    tableEnv.executeSql(logSizeSql)
    //执行插入操作
    table3.executeInsert("log_size")
    //转换为流并输出
    tableEnv.toChangelogStream(table3)
      .print()
    //开始执行
    env.execute()
  }
}
```

项目小结

本项目通过 3 个任务由浅入深地讲解了网站日志实时分析系统的实现。本项目主要包括以下内容。

- 网站日志的生成过程。
- 使用 Flume 进行网站日志收集的方法。
- 通过 Flume 和 Kafka 的集成，将网站日志收集到 Kafka 中。
- 使用 Flink 对网站日志进行实时分析，主要的分析指标包括日志的访问量分析、异常日志分析以及聚合分析。

项目拓展

搭建完整的数据流实时处理流程，使用 Flume 收集网站日志到 Kafka 中，使用 Flink 读取 Kafka 中的消息并实时处理，过滤异常消息后再实时写入 Kafka。

思考与练习

理论题

一、选择题（单选）

1．网站日志中属于正常访问的 HTTP 状态码是。（　　）

（A）404　　　　　　　　（B）200

（C）400　　　　　　　　（D）500

2．在网站日志中可以进行流量分析的字段是。（　　）

（A）用户代理　　　　　　（B）字节数

（C）IP 地址　　　　　　　（D）响应时间

3．在网站日志中可以进行地域分析的字段是。（　　）

（A）用户代理　　　　　　（B）字节数

（C）IP 地址　　　　　　　（D）响应时间

4．使用 Flink SQL 统计日志中响应时间的最大值所涉及的函数是。（　　）

（A）avg　　　　　　　　（B）min

（C）count　　　　　　　（D）max

二、填空题

1．Flume 的 3 个组件分别是＿＿＿＿＿＿、＿＿＿＿＿＿和＿＿＿＿＿＿。

2．可以使用 Flume 收集日志的数据源是_____。

三、简答题

1．简述网站日志分析系统中的主要分析指标。

2．简述 Flume 和 Kafka 的集成方式。

3．简述网站日志中可以定义为异常日志的日志。

4．简述使用异常日志聚合的主要步骤。

实训题

结合本项目所学知识，练习使用 Flink 对网站日志进行分析。

参 考 文 献

比安・霍斯克，瓦西里基・卡拉夫里. 基于 Apache Flink 的流处理[M]. 崔星灿，译. 北京：中国电力出版社，2019.